第一推动丛书: 生命系列
The Life Series

第二自然
Second Nature

［美］杰拉尔德·M.埃德尔曼 著 唐璐 译
Gerald M. Edelman

U0756495

湖南科学技术出版社

图书在版编目（CIP）数据

第二自然 / （美）杰拉尔德·M. 埃德尔曼著；唐璐译 . — 长沙：湖南科学技术出版社，
2018.1（2024.5 重印）
（第一推动丛书 . 生命系列）
ISBN 978-7-5357-9500-7
Ⅰ . ①第… Ⅱ . ①杰… ②唐… Ⅲ . ①意识—普及读物 Ⅳ . ① B842.7-49
中国版本图书馆 CIP 数据核字（2017）第 226188 号

Second Nature
Copyright © 2006 by Gerald M. Edelman
All Rights Reserved

湖南科学技术出版社通过 Brockman，Inc. 独家获得本书中文简体版中国大陆出版发行权
著作权合同登记号　18-2008-09

DIER ZIRAN
第二自然

著者
[美] 杰拉尔德·M. 埃德尔曼

译者
唐璐

出版人
潘晓山

责任编辑
吴炜　孙桂均　李蓓

装帧设计
邵年　李叶　李星霖　赵宛青

出版发行
湖南科学技术出版社

社址
长沙市芙蓉中路一段 416 号
泊富国际金融中心
http://www.hnstp.com

湖南科学技术出版社
天猫旗舰店网址
http://hnkjcbs.tmall.com

邮购联系
本社直销科 0731-84375808

印刷
长沙超峰印刷有限公司

厂址
宁乡县金州新区泉洲北路 100 号

邮编
410600

版次
2018 年 1 月第 1 版

印次
2024 年 5 月第 7 次印刷

开本
880mm×1230mm　1/32

印张
4.5

字数
96 千字

书号
ISBN 978-7-5357-9500-7

定价
19.00 元

THE
FIRST
MOVER

总序

《第一推动丛书》编委会

科学，特别是自然科学，最重要的目标之一，就是追寻科学本身的原动力，或曰追寻其第一推动。同时，科学的这种追求精神本身，又成为社会发展和人类进步的一种最基本的推动。

科学总是寻求发现和了解客观世界的新现象，研究和掌握新规律，总是在不懈地追求真理。科学是认真的、严谨的、实事求是的，同时，科学又是创造的。科学的最基本态度之一就是疑问，科学的最基本精神之一就是批判。

的确，科学活动，特别是自然科学活动，比起其他的人类活动来，其最基本特征就是不断进步。哪怕在其他方面倒退的时候，科学却总是进步着，即使是缓慢而艰难的进步。这表明，自然科学活动中包含着人类的最进步因素。

正是在这个意义上，科学堪称为人类进步的"第一推动"。

科学教育，特别是自然科学的教育，是提高人们素质的重要因素，是现代教育的一个核心。科学教育不仅使人获得生活和工作所需的知识和技能，更重要的是使人获得科学思想、科学精神、科学态度以及科学方法的熏陶和培养，使人获得非生物本能的智慧，获得非与生俱来的灵魂。可以这样说，没有科学的"教育"，只是培养信仰，而不是教育。没有受过科学教育的人，只能称为受过训练，而非受过教育。

正是在这个意义上，科学堪称为使人进化为现代人的"第一推动"。

　　近百年来，无数仁人志士意识到，强国富民再造中国离不开科学技术，他们为摆脱愚昧与无知做了艰苦卓绝的奋斗。中国的科学先贤们代代相传，不遗余力地为中国的进步献身于科学启蒙运动，以图完成国人的强国梦。然而可以说，这个目标远未达到。今日的中国需要新的科学启蒙，需要现代科学教育。只有全社会的人具备较高的科学素质，以科学的精神和思想、科学的态度和方法作为探讨和解决各类问题的共同基础和出发点，社会才能更好地向前发展和进步。因此，中国的进步离不开科学，是毋庸置疑的。

　　正是在这个意义上，似乎可以说，科学已被公认是中国进步所必不可少的推动。

　　然而，这并不意味着，科学的精神也同样地被公认和接受。虽然，科学已渗透到社会的各个领域和层面，科学的价值和地位也更高了，但是，毋庸讳言，在一定的范围内或某些特定时候，人们只是承认"科学是有用的"，只停留在对科学所带来的结果的接受和承认，而不是对科学的原动力——科学的精神的接受和承认。此种现象的存在也是不能忽视的。

　　科学的精神之一，是它自身就是自身的"第一推动"。也就是说，科学活动在原则上不隶属于服务于神学，不隶属于服务于儒学，科学活动在原则上也不隶属于服务于任何哲学。科学是超越宗教差别的，超越民族差别的，超越党派差别的，超越文化和地域差别的，科学是普适的、独立的，它自身就是自身的主宰。

湖南科学技术出版社精选了一批关于科学思想和科学精神的世界名著，请有关学者译成中文出版，其目的就是为了传播科学精神和科学思想，特别是自然科学的精神和思想，从而起到倡导科学精神，推动科技发展，对全民进行新的科学启蒙和科学教育的作用，为中国的进步做一点推动。丛书定名为"第一推动"，当然并非说其中每一册都是第一推动，但是可以肯定，蕴含在每一册中的科学的内容、观点、思想和精神，都会使你或多或少地更接近第一推动，或多或少地发现自身如何成为自身的主宰。

再版序
一个坠落苹果的两面：
极端智慧与极致想象

龚曙光

2017年9月8日凌晨于抱朴庐

连我们自己也很惊讶，《第一推动丛书》已经出了25年。

或许，因为全神贯注于每一本书的编辑和出版细节，反倒忽视了这套丛书的出版历程，忽视了自己头上的黑发渐染霜雪，忽视了团队编辑的老退新替，忽视好些早年的读者已经成长为多个领域的栋梁。

对于一套丛书的出版而言，25年的确是一段不短的历程；对于科学研究的进程而言，四分之一个世纪更是一部跨越式的历史。古人"洞中方七日，世上已千秋"的时间感，用来形容人类科学探求的速律，倒也恰当和准确。回头看看我们逐年出版的这些科普著作，许多当年的假设已经被证实，也有一些结论被证伪；许多当年的理论已经被孵化，也有一些发明被淘汰……

无论这些著作阐释的学科和学说属于以上所说的哪种状况，都本质地呈现了科学探索的旨趣与真相：科学永远是一个求真的过程，所谓的真理，都只是这一过程中的阶段性成果。论证被想象讪笑，结论被假设挑衅，人类以其最优越的物种秉赋 —— 智慧，让锐利无比的理性之刃，和绚烂无比的想象之花相克相生，相否相成。在形形色色的生活中，似乎没有哪一个领域如同科学探索一样，既是一次次伟大的理性历险，又是一次次极致的感性审美。科学家们穷其毕生所奉献的，不仅仅是我们无法发现的科学结论，还是我们无法展开的绚丽想象。在我们难以感知的极小与极大世界中，没有他们记历这些伟大历险和极致审美的科普著作，我们不但永远无法洞悉我们赖以生存世界的各种奥秘，无法领略我们难以抵达世界的各种美丽，更无法认知人类在找到真理和遭遇美景时的心路历程。在这个意义上，科普是人类极端智慧和极致审美的结晶，是物种独有的精神文本，是人类任何其他创造 —— 神学、哲学、文学和艺术无法替代的文明载体。

在神学家给出"我是谁"的结论后，整个人类，不仅仅是科学家，包括庸常生活中的我们，都企图突破宗教教义的铁窗，自由探求世界的本质。于是，时间、物质和本源，成为了人类共同的终极探寻之地，成为了人类突破慵懒、挣脱琐碎、拒绝因袭的历险之旅。这一旅程中，引领着我们艰难而快乐前行的，是那一代又一代最伟大的科学家。他们是极端的智者和极致的幻想家，是真理的先知和审美的天使。

我曾有幸采访《时间简史》的作者史蒂芬·霍金，他痛苦地斜躺在轮椅上，用特制的语音器和我交谈。聆听着由他按击出的极其单调的金属般的音符，我确信，那个只留下萎缩的躯干和游丝一般生命气息的智者就是先知，就是上帝遣派给人类的孤独使者。倘若不是亲眼所见，你根本无法相信，那些深奥到极致而又浅白到极致，简练到极致而又美丽到极致的天书，竟是他蜷缩在轮椅上，用唯一能够动弹的手指，一个语音一个语音按击出来的。如果不是为了引导人类，你想象不出他人生此行还能有其他的目的。

无怪《时间简史》如此畅销！自出版始，每年都在中文图书的畅销榜上。其实何止《时间简史》，霍金的其他著作，《第一推动丛书》所遴选的其他作者著作，25年来都在热销。据此我们相信，这些著作不仅属于某一代人，甚至不仅属于20世纪。只要人类仍在为时间、物质乃至本源的命题所困扰，只要人类仍在为求真与审美的本能所驱动，丛书中的著作，便是永不过时的启蒙读本，永不熄灭的引领之光。

虽然著作中的某些假说会被否定，某些理论会被超越，但科学家们探求真理的精神，思考宇宙的智慧，感悟时空的审美，必将与日月同辉，成为人类进化中永不腐朽的历史界碑。

因而在25年这一时间节点上，我们合集再版这套丛书，便不只是为了纪念出版行为本身，更多的则是为了彰显这些著作的不朽，为了向新的时代和新的读者告白：21世纪不仅需要科学的功利，而且需要科学的审美。

当然，我们深知，并非所有的发现都为人类带来福祉，并非所有的创造都为世界带来安宁。在科学仍在为政治集团和经济集团所利用，甚至垄断的时代，初衷与结果悖反、无辜与有罪并存的科学公案屡见不鲜。对于科学可能带来的负能量，只能由了解科技的公民用群体的意愿抑制和抵消：选择推进人类进化的科学方向，选择造福人类生存的科学发现，是每个现代公民对自己，也是对物种应当肩负的一份责任、应该表达的一种诉求！在这一理解上，我们将科普阅读不仅视为一种个人爱好，而且视为一种公共使命！

牛顿站在苹果树下，在苹果坠落的那一刹那，他的顿悟一定不只包含了对于地心引力的推断，而且包含了对于苹果与地球、地球与行星、行星与未知宇宙奇妙关系的想象。我相信，那不仅仅是一次枯燥之极的理性推演，而且是一次瑰丽之极的感性审美⋯⋯

如果说，求真与审美，是这套丛书难以评估的价值，那么，极端的智慧与极致的想象，则是这套丛书无法穷尽的魅力！

献给Judith，Eric和David

前言

　　我时常思考脑科学的进展如何与人类知识方面的问题联系起来，这是此书由来。我思考这些问题时用到的概念与哲学家们在传统认识论中用到的不一样，更为宽泛。我想，在解释我们如何知道时，这个差别是一个很好的起点。

　　粗略浏览一下目录就能发现，我认为对意识的理解对这个问题很关键。有鉴于此，我作了如下安排：

　　首先，我将指出，如果我们了解了意识是怎样基于脑活动的，就能跟着得出一系列重要结论。在此期间，我将假定我们理解这个基础，并且我将展示这种理解的意义。然后我会阐释大脑的一些本质特性以及理解其如何运作所必需的概念。阐释这些之后，我们就能集中于意识自身的本性。最后我们再来了解理解意识基础对科学和人类知识的意义。

　　这个过程中，我打算避开技术细节。细节在其他书和文章中可以找到。在阐释大脑时，我将尽量使用具体例子和隐喻。

　　我希望读者将这本书看成是启发新思想的初步尝试，针对的问题是我们如何得以理解世界和理解我们自己。要彻底理解思维和知识，还有许多空白尚待填补，神经科学和心理学也还有许多工作要做。我们这里所做的还只是开始。

致谢

感谢凯瑟琳·克罗辛（Kathryn Crossin）、布鲁斯·坎宁安（Bruce Cunningham）、约瑟夫·盖里（Joseph Gally）、拉尔夫·格林斯潘（Ralph Greenspan）和乔治·里克（George Reeke）仔细审阅了此书并提出了宝贵意见。同时也感谢戴安娜·斯道兹（Diana Stotts）在准备书稿时所给予的耐心帮助。在写作本书的过程中神经科学研究所（The Neurosciences Institute）的同事也提供了许多有用的建议。

引子

　　我经常做一个梦。梦到历史学家亨利·亚当斯（Henry Adams），他念叨着复杂性，嘀咕着圣母和发电机。除此之外梦里没有其他内容。醒来后回想起一些梦的细节时，我联想到《亨利·亚当斯的教育》（The Education of Henry Adams）一书中著名的一章[1]。那一章中，亚当斯提到在1900年巴黎博览会上他的工程师朋友兰利（Langley）向他展示四十英寸发电机时他体会到的无力感。亚当斯将这类机器的复杂性与祈祷圣母玛利亚的宗教的简单性作了对比。这个主题以及亚当斯对他所处时代的不安感贯穿《亨利·亚当斯的教育》全书。

　　亚当斯，溯至约翰·亚当斯的伟大家族的一员，成就斐然的历史学家。他的焦虑值得深思。仅仅是抑郁症的表现吗？与导致他妻子自杀的环境有关，还是反映了从科学立场和人文立场看待世界的方式之间的鸿沟呢？

　　我们无从得知。但有一点是肯定的。在科学与人文之间，以及所谓的硬科学（例如物理）与人文学科（例如社会学）之间，存在着脱节。也许我反复梦到亨利·亚当斯就是因为我一直以来对这个脱节的根源感兴趣。

我一直对科学解释与日常经验之间的鸿沟感到困惑，不管是从个人角度还是历史来看。科学与人文的脱节不可避免吗？人文学科与硬科学能否相互调和？

对这些问题的看法五花八门，甚至有人可能会说不值得为之费心。然而正如此书所表明的，我认为恰恰相反，理解我们如何获得知识——不管是通过科学研究、推理还是偶然事件——是非常重要的。固执己见、极端还原论（reductionism）或是漠不关心都会对人类福祉产生长远的不良影响。

这本书采用的是我称之为基于脑的认识论（brain based epistemology）的思维路线。这个术语是指把知识理论建立在理解大脑如何运作的基础之上的尝试。它是哲学家蒯因（Willard Van Orman Quine）提出的自然化认识论（naturalized epistemology）概念的扩展[2]。

我的论证路线与他的不同，可以说他停留在皮肤和感官层面。而我是通过考虑范围更广泛的交互——大脑、身体和环境之间的互动——来处理这个问题。我相信不管如何，理解意识的基础是极为重要的。蒯因用他惯常的嘲讽语调说道：

有人指责我否定意识，但我没有意识到自己这样做过。意识对我来说是一种神秘之物，而不是要抛弃的东西。我们知道意识是怎么一回事，但是不知道如何科学地描述它。能够肯定的是，意识是身体的一种状态，是神经的一种状态。

与公众的普遍看法类似，我所主张的路线不是否定意识。由于种种原因，这条路线经常被称为对心的批判（repudiation of mind）。它对那种作为高于身体之上的第二本体的心进行批判。可以不那么刺耳地把这种批判描述为把思维与身体的某些官能、状态以及活动视为同一。思维的状态和事件是人或动物身体的状态和事件的特殊子类[3]。

我认为现在已经到了消除神秘的时候。书中我将展现这些涉及我们如何知道、我们如何发现和创造以及我们对真理的探索的思想。我追随詹姆士（William James）的脚步，他指出意识是以认识为功能的过程[4]。

自然和人类本性如何相互影响？我所选择的标题反映了这个问题，某种程度上也是一语双关。术语"习性"（second nature）通常指一种自发的行为，不用费心也不用学习。我使用这个词时包含这个意思，同时也是为了提醒读者注意到我们的意识通常漂浮在我们对自然的实在论描述之上。它们是"习得之性"。我希望在这里解释自然与这种习性如何交互。

目录

第1章
伽利略的跨越和达尔文的计划

> 将现代世界与以前的时代区分开来的一切几乎都归功于科学，它在17世纪取得了最辉煌的成功。
>
> —— 罗素（Bertrand Russell）

> 《物种起源》引入的思维模式注定最终要革新知识的逻辑，从而也改变了对道德、政治和宗教的看法。
>
> —— 杜威（John Dewey）

> 迟早会有一天，特定的意识能与特定的脑状态相对应。
>
> —— 威廉·詹姆士

亨利·亚当斯根本想不到将会发生什么。但他确实感觉到了科学技术将给我们的生活方式带来的变革。现在我们仍然置身于这场变革之中：通信、计算机、互联网、陆地和空中的便捷交通、核能、基因工程。科技基础和全球一体化改变了我们的生活步伐、我们的思维模式、我们在自然中的位置以及我们对待自然的方式。

我们对自然以及意识的观念怎么样了呢？要回答这个问题，我们必须回顾西方科学的历史，尤其是物理学和生物学。我选了两个人来凸显这些改变了我们生活的进展 —— 伽利略和达尔文。

首先，伽利略，他被视为代表了现代物理学（现代科学最突出的部分）在17世纪的诞生。哲学家怀特海（Alfred North Whitehead）在《科学与现代世界》（*Science and the Modern World*）一书中称伽利略的成就是"人类经历过的最重要的观念变化的寂静开端"[1]。当然，我们肯定会对现代物理学的跨度之大印象深刻，从伽利略的天文学思想和惯性实验跨越到现代的宇宙学和物质理论。我们必须同时面对由量子力学描述的极微小的古怪领域，以及广义相对论的宏大优雅，它将视界放到了极大，大到宇宙本身。现在伽利略的跨越覆盖了从核能到固态物理，到空间探索，以及宇宙的大爆炸起源。

然而在这些进展出现之前，一种基于生命基础的观点 —— 生物进化 —— 已经由达尔文在19世纪后期提出来了[2]。达尔文的自然选择思想提供了理解生命本身的理论基础，尤其是在20世纪与孟德尔的遗传学结合起来之后[3]。在20世纪随后的时间里，分子生物学的进展使得改变生物繁殖的根本基础成为可能。

纵观自然界，如果我们将达尔文包括进来，似乎伽利略的跨越已经提供了对大部分事物的理解：星系、恒星和行星、物质结构、基因和生物进化。今天亨利·亚当斯的图板上将充满涵盖了我们生活方方面面的科技事物。但是伽利略的跨越还有一道缺口没有完成。我们还没有为大脑中的意识建立科学的基础，这个问题直到最近还是留给哲学家处理。

　　这是有原因的。直到最近，还缺乏检测大脑内部事件的非介入式方法。不仅如此，意识是第一人称事物，而科学的客观方法论是第三人称立场。信念、主观性之类的东西不被科学实验所承认。另一个影响意识的科学处理的重要因素要归于笛卡尔极具影响的思想[4]。在伽利略之后不久，笛卡尔将思维从自然中完全去除了。他独自冥思之后，下结论说存在两种物质：广延之物（res extensa），可被物理学研究的事物；思维之物（res cogitans），既没有实体也不能被物理学研究的思想之物。笛卡尔的二元论（dualism）及其后来各种各样的变体，使得意识无法成为科学研究的合法对象。

　　情形极为怪异。原则上，没有什么事物是先天对科学研究免疫的。然而正是我们意识的基础被排除在外！科学是辅以可验证真理的想象，而想象实际上是依赖于意识的。因此科学本身也依赖于意识。正如伟大的物理学家薛定谔（Erwin Schrodinger）所认识到的，物理学的所有理论都不包含感官知觉，因此要发展就必须认定这些现象超出了科学所能理解的范围[5]。

　　我们不得不接受这种状况吗？科学能不能完成伽利略的跨越？如果不能，是不是就只能将意识基础的问题留给哲学家，留给人文学科，从而默许亨利·亚当斯所关注的那种疏离？

　　多亏过去20年来关于大脑的研究以及理论的进展，我们也许能摆脱这个困境。虽然存在主观性，我们还是能研究意识。我在这里的目标就是说明如何做。但是首先，让我们了解一下科学理解意识的意义。

　　我碰到过有些人不相信对意识的科学阐释有多重要。在这里我的论述不是特别针对这些质疑的人，但是我希望至少能说服他们多少考虑一下相反的立场。我从一个大的假定开始：我们已经拥有了完善的基于大脑活动解释意识的科学理论。这会有什么意义呢？

　　首先，精神与物理事件的关系将得以厘清，从而澄清一些著名的哲学难题。我们将不再认为二元论、泛心论（panpsychism）、神秘主义（mysterianism）和神怪力量值得研究[6]。这起码节省了点时间。而且在澄清这些问题的时候，我们对我们在自然界中的地位将有更好的理解。我们将能进一步巩固达尔文的观点，即人类思维也是自然选择的产物，从而完成他的计划[7]。

　　我们也将更好地刻画人类幻觉的根源，不管是有用的还是没用的。我想要消除这样一种幻觉：我们的大脑是计算机以及意识能从计算中涌现出来的观念。此外，一个成功的意识理论也许能阐明价值在事实世界中的位置。基于脑的理论在将这些问题联系起来的同时，对于理解精神和神经心理疾病也将有很大作用。

　　除了这些问题，基于脑的理论对我们的创造性观念也许也有用。对于源自硬科学的客观描述与来自美学和伦理的常规问题之间的联系，它甚至也能提供更清晰的观点。做到了这一步，也许就能弥合科学与人文学科之间的分裂。

　　最重要的是，实现这些目标也许能影响和推动基于生物学的认识论的形成 —— 对知识的这种考量在分析人类知识时通过结合基于脑的主观性方面，将真理与信念、信仰以及思维与情感联系起来。

完善的大脑理论最惊人的成果将是人工意识的构建[8]。虽然这个目标目前还很遥远，但加利福尼亚州拉贺亚城（La Jolla）神经科学研究所的科学家们已经制造了基于脑的装置，具有感知和记忆能力。当然，要让我们相信制造出了意识装置，最起码在我们测量它的神经和身体状况时，它要能用某种语言反映其内在感受。目前，这个要求还远不能实现。但是如果做到了，我们将有前所未有的机会，利用这种装置来研究大脑、身体和环境的互动。它能以我们未曾想到的方式"看"或"感知"这个世界吗？它带来的兴奋将只有接收到从外太空发来的信号能与之相比。但我们还要等待。

我建议现在就对这种可能提供一些支持。假定我们已经有了完善的意识理论。下面我将对意识以及涌现出意识的大脑动力学进行简要说明。然后我们就能更加详细地分析由此得出的推论。

第 2 章
意识、身体和脑

和捕捉鲜艳蝴蝶的昆虫学家一样，我是在灰质花园里捕捉有着精巧雅致结构的细胞 —— 神秘的灵魂之蝶。

—— 圣地亚哥·拉蒙·卡哈尔（Santiago Ramóny Cajal）

我就大脑的结构和动力学写过很多东西，涉及感知、记忆和意识。在这里我不想再复述这些细节。我将先描述一下意识的主要特性。然后我会用神经达尔文主义（Neural Darwinism）的理论来简要阐释大脑功能[1]。这样就能展现意识如何从大脑活动中涌现出来。我将在没有详细证明的情况下给出一些大的结论；这些证明可以在其他地方找到[2]。

对于意识是什么，我们多少都知道一点。当你进入无梦的深度睡眠或深度麻醉和昏迷时，你就会失去它。当你从这些状态中恢复过来时，又会重新得到。在清醒意识状态下，你体验到一个整体的场景，包含各种感官反应 —— 视觉、听觉、味觉，等等 —— 以及想象、记忆、语调、情感、意愿、自主感（sense of agency）、方位感，等等。处于意识状态是一种整体体验，你在任何时候都不会只意识到一件事情而完全排除其他事物。但是你能将注意力稍微集中到仍然为整体的场景的不同方面。在很短的时间里，场景就会在某方面产生变化，虽然仍然是完整的，却变得不同了，产生出一个新的场景。不同的场景体验的数量显然是无穷无尽的。转换似乎是连续的，而且它们的具体细节是独有的，是第一人称的主观体验。

意识状态经常是关于事物或事件的，这个特性称为意向性（intentionality）。但意识并不总是表现出这个特性；它们也可以是关于情绪的。经常还有意识边缘状态，即威廉·詹姆士所称的某种几乎无感知的状态。意识状态还包括自主意识或行动意愿。

最神秘的是意识的现象方面——感质（qualia）体验。感质就是比如说当你看见绿色时的绿色感觉或感到暖和时的温暖感觉。一些人，包括我自己，不再停留于这些简单特性，转而考虑将意识场景或体验的整体都视为感质。

对感质的解释被视为意识理论的试金石。该如何解释感质以及意识的各种特性呢？我认为答案就在于探究大脑如何运作，构建完整的大脑理论，并对其进行扩展以解释意识。不过在这样做之前，有必要阐明一点。对人类来说，我们知道意识大致是什么。不仅如此，我们还能意识到处于意识状态并能报告自身的体验。虽然我们无法体验其他物种的意识，但我们推测像狗这类动物也具有意识。这种推测是基于它们的行为以及它们的脑与我们的相似程度。但我们一般不认为它们具有对意识的意识。

以此为基础可以对意识进行区分。狗和一些哺乳动物，如果有意识的话，是原始意识（primary consciousness）。这是在一瞬间的整体场景体验，我称之为记忆当下（remembered present）—— 有点像在黑暗的房间里一束手电光的光照。虽然它们对当前的事件有意识，只具有原始意识的动物并不能意识到自己处于意识状态，但对过去、未来或有称谓的自我（nameable self）也没有概念。

这类观念需要体验更高级意识的能力，而这依赖于语意或符号能力。黑猩猩似乎具有初步的这种能力。而就我们自身来说，这种能力得到了充分发展，因为我们具有语法和真正的语言。借助于语言能力，我们能将自己从记忆当下的时间限制中解放出来。当然，只要有高级意识呈现，我们就同时具有原始意识。

有了这些背景知识，现在我们转到负责所有这些非凡特性的器官：大脑。人类大脑重约1.5千克。它是宇宙中目前所知的最为复杂的事物。它的连通性让人惊叹：大脑褶皱的皮质（图1a）上大约有300亿个神经元细胞和1000万亿条神经突触连接。这样的结构中可能的活动通道的数量远远超出宇宙中基本粒子的数量。

在这里无法详尽阐述大脑如何产生意识。我已经在几本书中谈过了，可以作为参考。但我还是大致描述一下大脑的结构和活动。我将结合写实、类比和隐喻 —— 能够讲清意识如何产生就行了。

首先，我们来看看大脑中传递信号的基本细胞。神经元有树状的分支（树突）和通常为单条的长长突起（轴突），用于在神经元之间

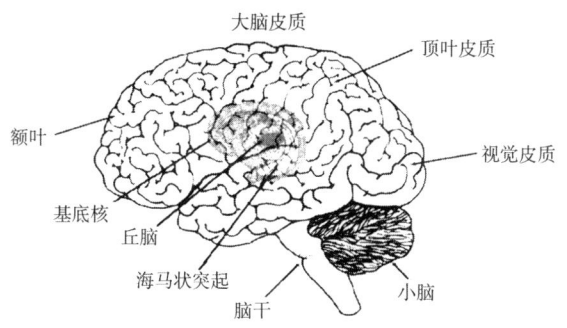

图1a　人类大脑主要组成部分的大致分布。有大约300亿个神经元的大脑皮质
从丘脑接收和反馈信号；这就是所谓的丘脑皮质系统。皮质下面是3个主要的皮质
附属物：基底核和小脑（都是控制运动），以及对记忆很关键的海马状突起。再往下
是大脑在进化过程中最古老的部分 —— 脑干，其中有一些连接范围很广的价值系统

建立连接。这些连接称为突触（图1b），是确保大脑通路功能的关键部分。这是由于电信号传递，轴突在突触处释放出被称为神经递质的化学信息素。这些化学递质通过突触间的小间隙，与接收细胞的树突上的特定受体结合。如果释放得足够多，突触后的接收细胞就会触发，这个过程可以不断重复，信号沿细胞一直传递下去。想象一下由无数突触一起实现信号传递的过程，你会明白为何依靠现代技术手段我们可以记录头皮上的细微电流和电压。神经生理学家甚至能介入大脑将微电极植入单个神经元来记录其信号。

　　突触的一个重要特性是可塑性：各种行为和生物化学事件能改变它们的强度。这些改变反过来又决定哪些神经通道会被选择来传递信号。突触强度的可塑性为记忆提供了基础。这里有必要提到突触有两种类型：兴奋型和抑制型。两者都有可塑性；它们相互协作选出大脑中的功能信号通道。

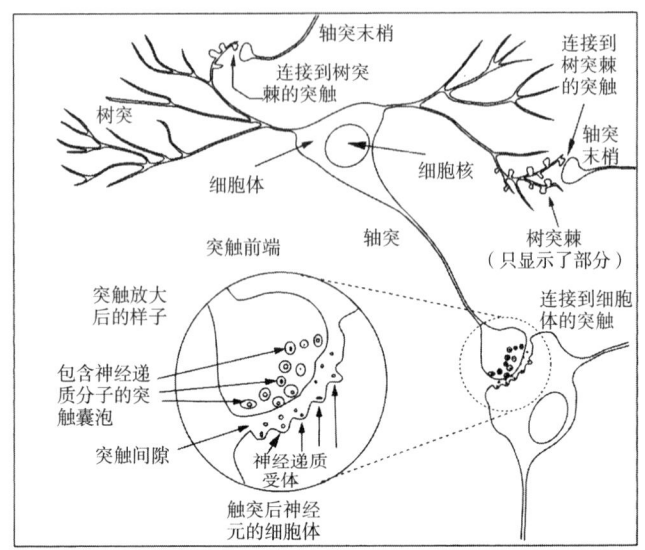

图1b　神经元之间的突触连接。突触前面的神经元的轴突传递的动作电位导致神经递质被释放到突触间隙。递质分子会与突触后的受体结合，从而改变突触后细胞释放其自己的动作电位的可能性。特定的动作序列会加强或削弱突触，改变其传递能力。（神经元具有各种各样的形状种类，这幅图作了很大简化。）

　　另外还必须指出特定动物物种的大脑整体上的生理连接和通道是通过进化和发育选择出来的。结果是大脑令人惊奇的各种区域以及被称为神经核的细胞团。每部分都有短程和长程输入和输出。

　　以猴子的视觉通道为例。光线刺激视网膜细胞，使视神经细胞兴奋，信号最终到达丘脑，丘脑在我们的故事中是主角。丘脑是对意识极为重要的微小结构。丘脑神经元介于视觉传递轴突和被称作V1的大脑皮质区域之间。从这里又通过各种通道精巧地连接到V2、V3和V4等区域。实际上，视觉处理至少涉及33个不同的皮质区域。

感知系统有两个重要特点。第一，总体上，各大脑区域在功能上有区别：就视觉来说，V1 负责物体方位，V4 负责颜色，V5 负责物体运动。第二，在面对复合的视觉信号时，比如一个特定形状的彩色运动物体，不存在控制和协调所有其他区域的区域。然而就像我们将看到的，当刺激到达视网膜时，大脑还是有办法协调各自分离的感知事件。这种协调的结果就是感知分类 —— 将输入联系到特定动物物种所认知的有意义对象。大脑实现了模式识别。除了视觉，我们还可以讨论其他感知系统，虽然感受器和输入不同，但原则是类似的。

输出呢？不同的感知区域连接到皮质中"更高级的"区域，大脑主要同自己交谈。当然，有一组皮质区域将运动输出信号通过脊髓传递到我们的肌肉，从而产生各种行为和运动。此外，除了丘脑，皮质还从一系列皮质下结构接收其他信号，并产生反馈输出。这些结构包括基底核和帮助控制运动的小脑以及海马状突起，它通过与皮质交互帮助建立事件和情景的长程记忆。

到目前为止，我所说的可以被肤浅地认为是描述了一个类似于计算机的系统。事实上，在科学界，有很多人相信大脑就是计算机。这个想法是错误的，有几个原因[3]。首先，计算机在由时钟控制的微小时间间隔内根据逻辑和算术操作。而大脑就像我们将看到的，不是根据逻辑规则运作。就功能来说，计算机必须接收十分明确的输入信号。而大脑的各种感受器接收的信号是非常不规范的；世界（没有被事先划分为规定的类别范畴）不是编码好的磁带。其次，大脑在最精细的层面上变化多样。随着神经回路的发育，不同的个体经验留下印记，没有两个大脑是相同的，即使是一模一样的双胞胎。在大尺度上也是这样，因为在神经生理的发育和建构过程中，同步激发的神经元相互连接。此外，没有证据表明哪个计算机程序能行之有效地模拟大脑输入、输出和行为。人工智能无法在真正的大脑中工作。我们大脑的输出既不由逻辑也不由精确的时钟控制，不管它们看上去多规则。

最后，必须强调我们的基因数量不足以表征我们所具有的高级大脑的突触连接复杂度。当然，我们之所以拥有人类大脑而不是像黑猩猩那样的大脑，的确取决于我们的基因网络。但是同大脑本身的网络一样，这些基因网络具有很大的变数，因为它们多种多样的表达方式依赖于环境背景和个体经历。

如果哺乳动物的大脑不是计算机，那又是什么呢？它如何运作？在解释意识的大脑基础之前，我们必须回答这些问题。

第3章
选择主义——意识的前提

> 理论的被认可有四个阶段：①毫无价值的胡说；②这有点意思，不过观点是错误的；③对的，但是没什么价值；④我早就说过了。
>
> —— 霍尔丹 (J.B.S.Haldane)

我对意识和大脑所做的描述现在必须用让人满意的方式联系起来。这就需要在不借助计算概念的情况下对大脑的相关行为进行说明。同时也必须探讨一系列可能不那么常见的基本概念。为了浅显易懂，我将使用一些生物学例子和非生物学的类比。然后我会将它们与我们的主要任务联系起来，看看意识在人的大脑中是如何产生和发展出来的。

在转到理论性问题之前，我们必须记住一些事实：大脑和身体是嵌入和被嵌入的关系。首先考虑嵌入。我在上一章描述的所有活动都依赖于从身体到脑和从脑到身体的信号。大脑的连接不仅被你的感知所改变，也被你的活动改变。反过来，大脑除了控制运动和引导感官，还控制身体器官的基本生物功能。这些功能包括性、呼吸、心跳等基本方面，还有伴随着情绪的反应。如果我们将大脑视为你的器官，你就是你的身体。

接下来考虑被嵌入。你的身体是被嵌入，并且处于特定环境之中，影响环境而又被环境所影响。这种交互界定了你的小生境。人类（和大脑一起）就是在这样的一系列小生境中演化。我强调这些，是为了简洁起见，我经常会谈论大脑而不提到这个关键的三元关系的其他两方——身体和环境。记住，这个关键的三元关系始终是我们思考的背景。

现在来看看提供了理解意识的基础的理论。这样一个理论在解释大脑反应的多样性和规律性时，不能建立在逻辑和精确时钟控制的基础之上，这两者是计算机的标志。

放弃了计算的概念我们又能依赖什么呢？答案就藏在达尔文的思想之中[1]。达尔文提出（物种或特征的）种类可以通过对一群多样个体的选择产生出来，个体具有不同的特点。根据他的自然选择思想，物种之间的竞争将导致相对于其他个体更具适应性的个体能够生存和繁衍。结果，它们的后裔和基因（我们现在知道的）就会生存下来。自然选择是有差异的繁衍。达尔文所提出的非凡思想是群体中的差异不仅仅是噪声，事实上它提供了选择和可能的幸存者的基础。

这一切发生在长达百万年的进化过程中。但选择系统能在个体的生命周期内产生作用吗？现在我们知道答案是肯定的：脊椎动物的免疫系统就是一个选择系统[2]。你的身体依靠被称为抗体的分子系统识别外来分子的形状，比如细菌、病毒，甚至更加简单的有机化合物。这些抗体蛋白在你的血液中循环，也出现在被称为淋巴球的免疫细胞的表面。

面对抗体能识别和俘获甚至从未遇到过的外来分子的事实，免疫学家最初提出了一个指令理论。根据这个理论，抗体形成时会围绕入侵的外来分子（或抗原）折叠。然后抗原会被除去，留下与其形状互补的空腔。以后抗体再遇到这种抗原就能将其俘获。这个想法看似合理，但却是错误的。

事实上，免疫识别是通过选择而不是指令实现的。抗体的基因通过突变和重组过程不断变化，结果导致细胞表面能附着外来抗原的抗体蛋白质形态各异。由于有着难以计数的淋巴球，每个淋巴球表面都有某种抗体，这样具有多样性的群体就形成了。当外来抗原附着到某些具有与其匹配形状的抗体细胞时，这些细胞就会得到分裂复制那种抗体的信号。结果就是产生大量"特定的"抗体迅速俘获和抑制这些抗原从而产生免疫。（我对这种系统很熟悉，曾花了很多精力研究这种精巧的选择系统，并与我的同事一起研究过抗体的化学结构。）

从进化和免疫的例子中我们能学到什么呢？首先，我们看到必须有多样性发生器（generator of diversity，GOD）。其次，必须有对竞争的物种进行挑战的环境（进化）或有外来分子（免疫）。最后，必须有对进化中适应性更强或适于俘获抗原的变体的差别放大或复制。但要注意这三条原则在这两种情形下的运用并不是一样的。

可能大脑 —— 类似于免疫系统 —— 也是在个体的生命周期内运作的选择系统。我于1977年提出这个观念，后来命名为神经达尔文主义[3]。这个理论有三条原则。第一，大脑神经通道的发育导致大量微观生理变化，这是不断的选择过程的产物。这种发育选择的主要驱动力是同时激发的神经元连接到一起，即使胎儿也是这样。例如，如果激发模式在时间上相关，两个分开的神经元就会形成突触连接。第二，当形成的生理通道由于动物的行为和经历接收到信号时，又会发生一系列额外和重复的选择事件。这种经验选择通过已经存在于大脑生理结构中的突触强度的变化来实现。一些突触被加强，一些被减弱。就好像警察站在一些突触旁，帮助信号从轴突向树突传递，而在其他突触，警察则抑制信号传递。神经元群构成了被选择的对象，这样大脑中可能的通道组合的数量就变得很庞大。

发育和经验选择的净效应就是一些神经通路比其他的更受欢迎。但既然我们放弃了计算机的逻辑和时钟，我们又如何从这个系统得到一致的行为呢？又是什么驱使这个系统产生适应性响应呢？第一个问题的答案就藏在这个理论的第三条原则中，这条原则提出了一个被称为折返的过程[4]。折返是持续不断的信号从一个大脑区域传到另一区域然后又通过大量并行信道（轴突）传递回来，这些信道在高级大脑中普遍存在。折返信道随着思维活动而不断改变（图2）。

这种折返交互的净效应之一，就是特定回路中神经元群的时间锁相或同步激发。这提供了时空上的同步，否则我们就得依靠计算的某种形式保证这一点。为了帮助理解折返如何工作，想象一个假想的弦乐四重奏乐团，乐团里的乐手都很任性。每个人都用不同的节奏演奏自己的曲调。现在用非常细的线将所有乐手的身体部位连接起来（很多线，连接到身体每个部位）。随着每位乐手的动作，他们无意中会将动作的节律传递给其他人。很快，节奏和旋律将变得更为一致。随

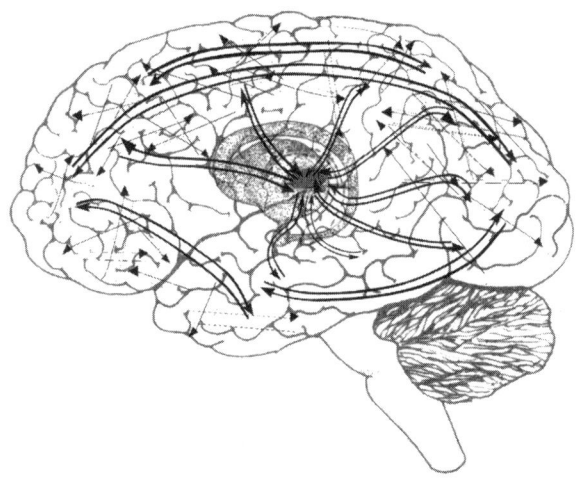

图2 折返在这里用丘脑皮质系统间的相互连接表示。生理结构包括脑皮质与丘脑间以及不同脑皮质区域间的密集相互连接网络。这幅图描述的相互连接的数量远远比不上真实大脑中的连接密度。这些相互连接通过传播动作电位和修改突触强度，对大脑各区域的不同活动进行整合和同步

着演奏的继续，会产生出新的曲调。即兴爵士乐就是这样创作的，当然，没有用线！

　　神经元群选择理论（theory of neuronal group selection，TNGS）或神经达尔文主义还需要为适应性响应的问题提供答案：要具有适应性，除了折返，还必须有规范发育和经验选择结果的力量。对于各物种，这个力量通过价值系统的形式遗传下来，价值系统作为自然选择的产物位于大脑中。价值系统在特定的情形下释放出某种神经递质或神经调节质。一个例子就是所谓的蓝斑（locus coeruleus），一小群位于脑干两边的神经元。这些神经元将轴突送入大脑和脊髓（分布有点像大脑上的发网）。在接收到突发信号时，比如很大的噪声，这些神

经元会向周围释放神经递质去甲肾上腺素，就好像花园里喷水的水管。这会降低很多神经元的突触响应阈值，导致更多激发，同时改变这些神经元之间的突触强度。

类似的，还有释放神经递质多巴胺的价值系统。这个系统位于基底核和脑干（图1）[5]。多巴胺的释放担任激励系统、加快学习过程的角色。其他系统释放不同的神经递质：释放复合胺的系统掌控情绪，释放乙酰胆碱的系统改变清醒和睡眠的分界。价值系统的活动，在选择性改变神经元群特定网络的突触的同时，也掌控着行为。在这些网络中的选择决定了动物个体的行为类型；价值系统提供偏好和奖赏。

现在我们看到大脑也具有多样性发生器，通过神经元群从未知世界接收信号，促使有适应性的神经元群的连接的区分扩大。我们可以得出结论，我们的大脑毫无疑问正是选择系统。注意，根据神经达尔文主义的原则，每个大脑在生理结构和动态特征上必然都是独一无二的，即使双胞胎的大脑也不会一样。

在这里我不讨论支持神经达尔文主义的证据[6]。我只指出许多实验都揭示了发育选择的变化，突触强度的改变对学习和记忆的重要性，以及折返通过大脑各区域回路的同步对它们的活动进行协调的作用。

从神经达尔文主义的角度来看，多重功能区隔的大脑区域，比如负责视觉的皮质区域，由它们的折返响应所约束。皮质区域V1关注刺激的方向，区域V4关注其颜色，而区域V5则关注其运动。这些区域，以及另外一系列区域都没有管控者。它们通过折返回路往复式地相互连接（图 2）。这些区域的响应组合形成统一的感知，比如，一个倾斜、红色、旋转的物体。这种感知来自将各分隔区域的响应结合到一起的同步激发回路的活动。

根据这个理论，对这样一个事件的记忆是通过突触的强化和弱化改变原始回路连接状况的动态系统属性。但是现在没有来自最初的物体的信号。在主体的大脑中，是根据记忆回想，通过折返回路的激发产生出对物体的想象或思维。在这种情形下，图像通过大脑与自己的对话产生出来。记忆在价值系统的影响之下进行了重新组织，放弃了极端的精确以换取联想力。

对于联想记忆，最后一个必须考虑的问题是：基于选择的大脑回路必须有冗余。冗余指的是不同结构能产生相同输出或结果的情形 [7]。一个好的例子是基因编码；DNA 中每三个碱基对应一种构成蛋白质的氨基酸。碱基有 4 种，因此有 64 种可能的三碱基组合。然而氨基酸只有 20 种，因此编码必然有冗余。在许多情形中，4 种碱基的任何一种（G、C、A 和 T）都可以占据三元组的第 3 个位置，而不会改变所对应的氨基酸。每个氨基酸平均有 3 种编码方式（64 除以 20）。因此如果一个 300 碱基的串标识构成一种蛋白质的 100 个氨基酸的序列，大约有 3 的 100 次方种不同的序列能标识同一个蛋白质序列。编码具有冗余。

冗余可以在许多生物组织层次上都能看到，从细胞到语言的属性。这是选择系统的一个关键特征，没有它就可能失败。可想而知，在感知和记忆中，许多不同的神经元群回路可能而且确实会产生出相似的输出。如果一个回路失效，另一个仍然可以正常运转。要认识到冗余回路的意义不仅仅是"失效－保险"特性。大脑回路的冗余几乎不可避免地会导致联想，这是记忆和学习所需的一个关键特性。联想特性的产生是由于冗余回路的重叠导致相似的输出。如果输入信号改变，重叠的存在也能导致输出不一样的各回路之间的联想。

像神经达尔文主义这样的选择理论必然导致大量多样的神经元群落。这解释了这些群落的组合如何会基于身体、世界和大脑本身的多样输入形成综合的整体。我们将看到，正是这些特性解释了意识状态极为丰富却又统一的特点。

第 4 章
从脑活动到意识

> 意识统治但不控制。
>
> —— 保罗·瓦雷里（Paul Valéry）

现在也许我们能解释意识如何进化出来以及如何从特定物种的个体发育中产生了。证据表明，意识来自皮质区域和丘脑间的折返活动以及皮质与自身和皮质下结构的交互。理论认为，随着丘脑皮质系统进化得越来越完善，特定丘脑核的数量随之增多，大脑皮质也不断增大，使得原始意识出现[1]。这一系列进化事件可能始自爬行动物向鸟类进化并在大约2.5亿年前分化出哺乳动物的时候。

进化出将许多皮质区域连接到一起的冗余折返回路的动物能进行大量的辨别和区分。比如，它能将大量感知信号联系到一起，识别出许多感知类别，并通过各种组合将它们与记忆联系起来。根据这种观点，正是通过折返活动将感知类别和价值类别记忆进行连接，原始意识才得以涌现出来。丘脑皮质折返式神经网络 —— 所谓的动态核心（dynamic core）—— 的整合活动模式将创造出原始意识的当下记忆场景，这个场景使得动物可以进行计划。显然，由于具有计划的能力，具有意识的动物就能比不具有类似辨识能力的动物更具适应优势。

这样的意识动物的记忆系统受价值系统和以前的分类经验导致的突触变化的影响。记忆系统可能受更为靠前的皮质区域像额叶和顶叶皮质的调节（图1），因为当前的感知由更为靠前的皮质区域产生。

意识过程包含大量各种感质：由分布广泛而且非常活跃的丘脑皮质核的活动产生的辨识。在这样的活动中，大脑主要同自己交互。我必须强调关键的是核中不同系统的交互。我们必须小心不要把意识赋予特定的区域。

理解了是核中神经元群的选择性折返活动产生了知觉意识，我们就能避开二元论。虽然意识过程本身没有因果力（causal power），它却是由构成折返核心的神经元群的复杂活动和因果力所产生。此外，在最早的发育阶段，从身体传到大脑和从大脑到大脑本身的信号就为自我的涌现打下了基础。自我和意识一样，也是一个过程。它依赖于涉及自身记忆的意识体验，而这种意识体验增强了与种群中其他个体的交流。

当然，在原始意识的情形中，有意识的计划仅局限于当下记忆。只有原始意识的动物不具有对过去的清晰的叙述性概念，无法深入对未来情形进行计划，也没有具有名称的社会自我。

而这些特性的出现，还要等另一次进化事件发生，同样涉及折返式连接。在高等灵长类动物进化的某个时候，一组新的互连通道发展出来，产生出大脑的概念映射与具有符号或语意指向的区域之间的折返式连接。我们知道受过训练的黑猩猩能够掌握符号标识，因此具有一定语意能力的黑猩猩也许具有些许高级意识。但是高级意识必须等到真正的语言出现才能全面发展。这个时候，意识的意识才成为可能。指向可以构成词汇，词汇的标识可以通过语法连接起来。关于过去、未来和社会自我的丰富概念涌现出来。意识不再局限于当下记忆。意识的意识成为可能。

根据神经达尔文主义，分布在丘脑和跨越皮质的大量复杂动态核心的折返连接是导致意识体验涌现的关键整合事件。这种体验反映了由于不同的复杂核心状态而成为可能的巨大辨识能力。这些状态必然涉及一个统一场景的多个方面的整合。新的核心状态和统一场景随时间变化，是来自大脑本身、身体和世界的无数信号发展出的结果。

思考这幅图景时，我们必须记住大量行为都是由大脑的皮质下部分和大脑皮质的无意识交互决定的。习惯和习得行为背后的许多无意识响应都要通过核心产生的意识区别来建立。核心系统之间的交互，无意识记忆系统，还有来自价值系统的信号一起运作，产生出了丰富的人类行为。

简要总结一下我对意识的观点。意识状态是一个整体，但是随时间而变化。它们内容广泛，范围由注意力调整，而且虽然很大程度上表现出意向性（intentionality）—— 它们是关于物体或事件 —— 它们的指向域却是无穷无尽的。最重要的是，它们产生出主观体验和感质。我的论点是，折返式丘脑皮质系统的进化使得动态核心产生出来，从而使得大量越来越复杂的感知运动输入的整合成为可能。具有这种核的动物因而具有了精细的辨识能力。感质正是这样的辨识产物，每种都由不同的核心状态产生。简单说，意识状态反映了核心中神经元状态的整合[2]。

头脑中有了这幅图景，我们就能排除阻碍了意识研究的一系列逻辑错误和语义矛盾。其中一个错误是没能区分物理因果与逻辑蕴涵[3]。其认为丘脑皮质核的活动导致意识面临困难。先有因后有果，因此这些意见认为这些无法衡量的过程之间存在着时间滞后。其实意识是由核中神经元的行为产生，就像血液中的血色素光谱是由分子的量子力学结构所产生。

另一类错误涉及因果问题。哲学家提出了蛇神（zombie）的观念，它完全没有意识，但从外面来看却又表现得好像有意识。也许，这个迷惑人的思想来自对所谓的精神运动性发作（psychomotor seizures）患者行为的观察，他们能在没有清醒意识的情况下产生复杂行为。但这样的行为顺序首先是有意识地习得的。在发作期间，人无法学习新行为，大部分行为都需要通过意识习得。这里逻辑上的错误是认为解释了"血色素蛇神"就能解释蛇神。想象一个蛇神具有你的身体结构和功能但却具有白色而不是红色的血色素，同时虽然是白色的，却还是能结合氧分子。这不可能！

还有另一种混淆，来自将属性和过程像物品一样具体化。意识不是物品，而是过程。像"感知存在吗？"这种问题有类似的错误。进一步的错误包括主张像颜色等感知类别独立于思维和语言存在于世界上。

就思维来说，人们经常听到这样的假设，为了回答 "我与以前的我一样吗？" 这类问题，像大脑这样动态、自组织的系统必须具有某种不变的组分或本质，或某种明确的时间或空间上的边界。连续性并不意味着本质，一个系统也不必不变，以与以前的状态保持相同。

经常有人主张，如果一个结构或属性存在，它就必然 "具有" 某种功能。这并不必然是真的。举个例子，梦的 "功能" 是什么呢？弗洛伊德（Sigmund Freud）对愿望满足功能进行了深入论述 [4]。但是梦也许只不过是在快速眼动（REM）睡眠期间（多梦的睡眠时期）丘脑皮质系统输入输出被阻断时的意识的特定状态。

对逻辑最过分的违反也许是声称要解释一个现象，人们必须重现它。如果你绝对坚持这一点，你永远也解释不了意识、历史、飞行或飓风。不管怎样，有一些过程必须被主观体验才能被解释。意识就是其中之一；它必然是个人的，因为它产生自个体大脑的折返式核心的活动。

进行了这些澄清，现在我们就能在给出基于脑的认识论基础的目标下，对影响我们如何获取知识的大脑活动的一些特征进行研究了。要这样做我们首先要简要了解一下关于知识获取的各种观点。

第 5 章
认识论种种

> 怀疑一切或相信一切：这两种都是很省事的策略。两者我们都用不着思考。
>
> —— 庞加莱（Henri Poincaré）

认识论是哲学的分支，关注知识的本质、范围和起源。说简单点，就是知识的理论。因此，它在哲学思想的发展中扮演主角。但是大致了解一下就会发现关于这个领域有各种观点，甚至严重质疑就哲学本身来研究它是否有用。随便看一看就会发现这个词如何被不断修饰——"女性主义认识论""美德认识论""传统认识论""自然化认识论"（naturalized epistemology），甚至"认识论之死"[1]。

我不想深入这个充满争议的领域。但由于这本书的目标是将人类知识和大脑科学联系到一起，我还是要多解释一下。事实上，从科学的立场来看，知识的理论还远未完善。我将简要介绍一些核心问题，最后转到与基于脑的认识论相关的问题。

传统认识论将知识视为证明为真的信念。许多这方面的哲学争议围绕着术语"知识"、"真"和"信念"进行。就此来说，可以视其为维特根斯坦（Ludwig Wittgenstein）所描述的语言游戏，他质疑这整个领域[2]。传统认识论的中心观念至少可以追溯到柏拉图的基本思想[3]。在现代，则可追溯至笛卡尔的观念，孤立的思想者探寻不容置疑的信念。他的核心观念"我思故我在"正是二元论的起源，这是为大部分现代科学家所否定的形而上学立场[4]。他希望能消除疑惑，建立起知识的坚实基础。产生自笛卡尔思想的基础主义者立场，在一定程度上是传统认识论关注思维运作本质的起点。他们的立场也关注这门学科的常规方面：我们如何判定或证实真信念？

传统认识论的整个立场围绕着思维的主体和主体必须面对的分离的世界。理性主义者强调先天的思维运作，经验主义者认为知识主要来自与世界交互感知的数据，而康德哲学则通过将先验的和后天的思想结合起来解决问题，毫不奇怪他们之间会产生争议。

还有一些思想家认为这些观点都不能反映人类与他们活动的世界的交互，从而反对这整个领域。在罗蒂（Richard Rorty）和泰勒（Charles Taylor）的文章中可以看到这种观点，两人的观点可以被归入"认识论之死"一类[5]。这类意见的中心论点是我们不是与世界分离的观察者，通过头脑中的"表示"操作。相反，我们是嵌入世界的主体，通过在世界中的行动获取知识。不仅如此，我们的大脑也是嵌入的，并且这种嵌入对大脑如何获取知识的解释很关键。

我不再详细讨论传统认识论以及其对立思想。这些都是空中楼阁，虽然他们的观点有正确之处。相反，考虑将认识论与科学联系以来，将其自然化，也许会更为有效。

　　我已提到，一个重要的思想是蒯因提出的自然化认识论。他首先提出认识论关注的是科学的基础。意识到基础主义者的缺陷之后，他提议我们要考虑产生关于世界的信念的心理过程。蒯因认为物理学应当既包括物理也包括人类主体的感知器官。他认为这能让我们保持物理学的"外延纯净（extensional purity）"。主体接收"受控输入——各种特定的辐射模式……然后输出对三维外部世界及其历史的描述。源源不断地输入和输出之间的关系就是我们需要研究的关系……以了解证据如何联系到理论"[6]。

　　这个提议成功地将认识论问题转化成了因果问题。但是关注范围仅局限于世界、皮肤和各种感知器官，对人类主体本身发生的变化——意识、意向性、记忆，我在前面章节讨论的所有对象——并没有清晰的思路。我在后面将考虑如何修补这个缺口。现在，还要阐释一下皮亚杰（Jean Piaget）的"心理"认识论。

　　在蒯因的思想之前，皮亚杰就研究了他所谓的"遗传认识论"[7]。他意图用这个术语解释知识，"尤其是科学知识，基于其历史、社会发生学，特别是其所依赖的概念和操作的心理起源"。与蒯因不同，皮亚杰实实在在地主持了一项经验研究课题，主要研究儿童的发展。他提出在智力背后存在身体和精神事件的模式（认知结构），表现为发展的特定阶段。根据皮亚杰的理论，有四个阶段：感知运动（0~2岁）、前运算（3~7岁）、具体运算（8~11岁）和形式运算（12~15岁）。在感知运动阶段，人们看到运动形式的智能；在前运算阶段，人们看到直觉的出现；在具体运算阶段，出现了逻辑，但只是通过具体的参照物；而在形式运算阶段，人们看到抽象的涌现。

皮亚杰强调了几种适应过程：同化（用已有认知结构来解释事情）以及顺化（改变认知结构以适应环境）。通过一系列天才的试验和超过半个世纪对儿童的观察，皮亚杰力图说明知识是如何构建起来的。他认为传统认识论的立场太过静态，忽略了知识的发展。他也批评了传统主义者对正确性和证明这些依赖于孤立观察者的观念的强调。相反，他认为通过了解科学的发展，我们能发现约束科学以及从中产生的知识的价值和规范。

皮亚杰无疑是伟大的先行者。然而，他的想法有一些局限。首先是他严格的阶段序列的观念。儿童心理学家广泛证实了皮亚杰的许多观察，但是质疑他太过严格和猜测性的框架。而且，术语"遗传认识论"也容易引起混淆；他的研究称为个体发生认识论更合适。

除了名称，皮亚杰的生物学支撑也有严重缺陷[8]。在他漫长研究生涯的大部分时间里，他（像弗洛伊德一样）倾向于海克尔（Ernst Heinrich Haeckel）错误的生物遗传律：个体发生重演物种进化。他还排斥新达尔文主义（neo-Darwinism），这在某种程度上与他相信重演有关。此外，皮亚杰坚持个人发展过程中心理的发生序列与科学思想的涌现历史的关联。等于牵强地认为个人的发展阶段重演了西方科学的发展历史。尽管有这些奇怪的看法和过度泛化的倾向，皮亚杰的尝试对我们的思维发展观念还是有很深远的影响。

在最近将自然化认识论建立在心理学基础上的尝试中，我们可以留意一下迈克尔·毕晓普（Michael A. Bishop）和特劳特（J. D. Trout）的工作[9]。他们对所谓的认识论标准分析（我们在前面称为

传统认识论）进行了最深刻（而且最严厉）的批评。就此，他们提出
了一个提高思维效能的计划。在指出思维过程许多环节的缺陷之后，
他们提出了一个实用主义的思维引导方案，与传统认识论等提出的
方案比起来，它可以帮助我们更好地思维。他们提出了一种认识理论，
即策略可靠主义（strategic reliabilism），用来识别出成功的思维策略。
其包括评估稳健可靠性的规则，计算给定策略的成本和效益，以及判
断问题的意义 —— 为这个问题分配资源的客观理由的权重。

这个方案在检验思维的实践功效时，用实用主义的规则替代了传
统认识论的判定概念。另外，它的原则是：只要基于心理的思维策略
产生出好的产出，就应当被采用。注意这个前提是对基于现实世界的
表现的科学评估。这里提出的原则不应与错误的想当然混为一谈。我
避免谈论道德和美学，因为在这些领域，非常缺乏基于科学的准则和
数据。策略可靠主义的原则只有在适当的思维产生出可评估的产出时
才应采用。

我在这里提到的基于心理学的研究，是对基于经验的和自然化的
认识论的热身。它描绘了动人的前景，但是没有考虑我们关注的神经
对行为的约束。应当指出两条途径互为补充：我们愿意将认识论建立
在科学评价表现的基础上，但是我们也想知道在表现背后的神经根源。

现在是时候简要提一提另外两个基于科学的方向了。第一个方向，
坎贝尔（Donald Campbell）命名为进化认识论，它有两个主要分支[10]。
一个是达尔文选择如何约束特定物种的知识获取方式。进化认识论还
有一个更可疑的分支关注选择主义对知识本身的扩大应用。经常被提

到的一个较早的例子是波普尔（Karl Popper）的观念，科学思想的产生主要基于在一系列被检验反驳的猜想中进行选择。另一个例子是道金斯（Richard Dawkins）提出的，思想"迷米（meme）"像基因一样被复制、遗传或选择[11]。

在这个领域中最近出现的一个观念是进化心理学。进化心理学是威尔逊（E．O．Wilson）的社会生物学在行为模式方面更为谨慎的应用[12]。威尔逊最初的社会生物学提出用基因解释利他等行为，这被严厉批判过[13]。不过，进化心理学仍然坚持用作为选择的基本单位的基因（道金斯称之为"自私的基因"）来解释行为，尤其是社会行为。

不管是进化认识论还是进化心理学，都是用某种泛选择主义来解释知识和行为。在某些情形下，这些研究提出的观点有些价值。但都是试图将行为和知识还原为一个包罗万象的范式。这有产生难以验证的假设的危险：逻辑和命题分析不仅仅是进化的产物，肯定也不是个体或群体事到临头的选择。此外，基因通常也不是进化的选择单位 —— 个体才是。如果说皮亚杰反对达尔文进化过了头，这两个领域的学者在解释复杂实体时也过度地应用了选择主义。不过，在大脑功能层面，选择主义仍然是有价值的方法，提供了构建基于脑的认识论的基础。

第 6 章
基于脑的研究

你的理论很疯狂，但还没有疯狂到是正确的。

—— 玻尔（Niels Bohr）

现在我们可以问这个问题：我们能发展出基于脑的认识论，从而初步解决前面章节提出的问题吗？我曾强调过，这个尝试必须超越蒯因，并涉及心理和意识的生理基础。它还必须与皮亚杰研究的发生过程相一致。就像我在前几章试图表明的，扩展的神经元群选择理论和意识体验的神经基础分析就是为了满足这些要求。这里我想进一步分析这些问题，以及基于脑的认识论能做什么，又不能做什么。

蒯因和皮亚杰都将认识论视为心理学而不是神经科学的分支。我们也许会问，对大脑运作机制的理解是否能弥补他们看法的缺陷。基于脑的认识论如何解决知识获取的问题？这样一种认识论必须是基于进化 —— 也就是自然选择。这是基础，但是不能混淆为我前面提到的进化认识论背后的那种假设。它仅仅是指我们讨论的所有大脑机制都是来自智人的进化进程。这看似平常，却有一些深刻的内涵。一是大脑虽然是知识加工的基本结构，却不是为知识而设计的。进化很有力量，但既没有智能也不存在设计。

　　我们同意对传统认识论的批判，认为不存在孤立的笛卡尔式的观察者。相反，进化假设正是要求大脑和身体是嵌入环境（或小生境）的。并且，就如我们将看到的，一旦语言在人类进化的过程中涌现出来，我们的知识及其发展，还有我们的进化路径，就依赖于文化。不过正如里切尔森（Peter J. Richerson）和博伊德（Robert Boyd）指出的，文化并不完全等于环境或小生境。我在后面会再讨论这个问题[1]。

　　前面说了，人类大脑是一个选择系统，而不是设计出来的。智人大脑非常快就进化到了现在的容量，从大约350万年前的南方古猿到现代人类增大了3倍。对增长贡献最大的是前额叶皮质的增大，这部分对判断和计划很重要。折返连接的进化为脊椎动物、哺乳动物和最终的人类大脑提供了对获取知识最为重要的组织结构。由于脑发育大部分是随机而且是后天的——主要受同步激发的神经元会连接到一起的规律影响——没有两个大脑会一模一样，即使是双胞胎。因此，在分析人类大脑的功能和结构时，必须考虑两个方面，即一个是进化，一个是个体大脑发育的详细历史。

　　大脑连接的形成发育和历史变化受来自身体和环境的信号强烈影响。不管是在胚胎期还是出生后的发育期都是这样。例如，怀孕后期人类胎儿的感知系统能分辨自我产生的活动和来自外部的活动。在出生后和婴儿期，中枢神经系统的突触群会产生大量选择性变化。这些变化在发育的关键时期达到高潮。在这个时期我们发现，例如，头几年的变化将两眼的信号导向眼优势柱（ocular dominance column）—— 负责响应左眼和右眼输入的结构 —— 从而允许立体视觉。稍后，随着青春期的到来，最初强大的学习多门语言的能力开始消失。这些变化伴随着突触连接的分布和强度的大量变化。实际上，即便在成人的主要神经生理结构建立以后，大脑皮质区域的边界也能剧烈变化，这依赖于身体和环境的输入。大脑皮质的体感区域传递触觉就是典型例子。特定手指感知输入的增加，不仅会导致响应这些手指输入的皮质体感区域的扩大，也会导致与整个手对应的区域边界变化[2]。因此，比如，响应小提琴手左手输入的皮质区域会扩大很多。

大脑发展的动态观和历史观与神经元群选择理论一致。我在这里对其进行了简要回顾，以强调大脑发展的可塑性，这个特性可以说一生都不会停止。不仅每个大脑的精细结构独一无二，神经达尔文主义原则还会直接引出冗余的概念：不同的大脑结构可以实现同样的功能或导致同样的输出。

这些观察对认识论有什么意义呢？第一，极度复杂的人类大脑，其历史的、后天的和冗余的特性依赖于身体和环境输入，最重要的是，还依赖于行动。在神经元群选择理论的最初形式中，曾指出感知分类本身依赖于所谓的全局映射。这是由感官和运动输入和输出共同组成的复杂结构。这个理论认为感官和运动系统对发展感知分类都是必需的。

第二，对大脑发展和功能很关键的折返概念不仅强调行动，还依赖于大脑区域的交互。对于一个选择性的大脑，记忆、想象和思维本身，都依赖于大脑通过折返"同自己说话"。

　　第三，借助神经达尔文主义的原则，我们也许可以消除围绕着意识的神秘，从而增强自然化认识论。丘脑皮质系统中折返连接的出现，使得处理价值的前记忆系统和较后的针对感知的皮质系统连接起来，从而意识在脊椎动物进化进程得以出现。结果是组成动态核心的折返回路中的大规模整合导致辨识能力的极大增强。由这些神经元交互产生的多种多样的感质就是这种辨识。具备了这种动态辨识大脑结构的动物具有明显的优势，尤其是在收集食物、交配和防御的适应性响应和计划方面。

　　第四，作为选择性系统，大脑的运作显然不是基于逻辑，而是基于模式识别。这种方法不像逻辑和数学那样是精确的。相反，在有必要时，为了扩大覆盖面，得牺牲一些专业性和精度。比如，早期人类思想借助隐喻进行处理，甚至后来获得了像逻辑和数学思维这样的精确手段后，隐喻仍然是成年人想象力和创造力的主要来源[3]。将不同对象联系到一起的隐喻思维能力来自折返冗余系统的联想特性。隐喻具有极为丰富的暗指能力，但是不像明喻等修辞手法那样明确，既不能被证实也不能被证伪。然而，它们仍然是思维的有力起点，只是必须通过逻辑等手段提炼。它们的特性与选择性大脑对模式形成的运作明显一致。

　　不仅每个大脑是独一无二的，来自环境的感官输入和动物的动作输出在各个时候都会不一样。这使得大脑和心智不可能有严格的机器模型。记忆要具有动态、再组织的系统特性，不是对场景中所有变量的固定存储，就好像在不同的时间进入熟悉的房间。

以下事实说明了另一个更本质的问题，选择性的大脑必须在价值系统的约束下运作。价值系统是大脑中决定奖惩的进化遗传结构。前面我们已经说过，价值系统的主体是扩散传播神经网络，通过释放特定神经调质或递质来调节突触响应。一个例子就是释放多巴胺的基底核和脑干。训练时释放多巴胺对正面行为的预期很关键。

虽然这种价值系统很重要，它们却仅仅约束行为和感知分类。价值不是类别；分类必须通过个体的行为达成。这些概念与情感及其对知识的影响有着直接或间接的联系。传统认识论除了不得不面对判别问题的常规方面，对情感这样的问题几乎没有关注。而在基于脑的认识论中，神经元群选择理论解释意识的机制是普适性的，它可以应用到所有辨识响应，不管是涉及感知、想象、记忆、感觉和情绪，还是数学计算。很多情况下，这些过程相互影响。至少在初期阶段，大脑行为不能被视为没有情感的像机器一样的计算过程。

如果基于脑的认识论是正确的，那么以前对思维的理解自然就不那么准确。但是我们是怎样形成在科学认识中必需的精确概念的呢？逻辑和数学认识又是怎么来的呢？它们都涉及对于我们知识的增长很重要的精确性。

任何回答这些问题的尝试都必须面对语言问题。像传统认识论处理的主要就是命题和语言项。另外还必须考虑知识和概念在人类历史中的具体发展。我已讨论过高级意识的出现，以及其在语法和词汇出现后的加速发展。发展出关于过去和未来的概念以及拥有社会自我的能力，更多依赖于语言的获取。

人类是具有基于语法的语言的唯一物种。许多学者认为语言是生物演化的产物，有些人甚至认为我们拥有专门的语言获取器官，具有遗传性，并使得我们能给出和识别语法正确的陈述[4]。神经元群选择理论否定这种观点。当然有些大脑区域以及声带和喉腔是演化出来以提高发声和声音识别能力的。但是有证据表明大脑中基底核等部位已能帮助控制皮质和识别动作序列。基底核与运动、感知以及前额叶皮质的相互影响，可能导致了识别感知运动序列的通用能力，即一种"基本语法"。这样，基于语法的真正语言的出现，也许只是这些已经演化出来的能力的延伸。

不管怎样，拥有语言，以及由此出现的文化传播，显然导致了概念能力的大规模扩充。隐喻的语言扩展和联想力能产生出诗和想象，语言也使得逻辑的发展成为可能。逻辑可能源自关系到事物的持续和消失、操作条件的发展和学习运动序列的大脑事件。在语句成分上，它使得蒯因这样的自然化认识论者基于逻辑学家塔斯基（Alfred Tarski）的去引用化（disquotation）概念定义真理："雪是白的"当且仅当雪是白的时为真[5]。当逻辑发展到最精致的形式时，也最为一般化：替换词汇不影响一阶谓词逻辑句子是否为真。

数学及其与语言的关系问题比逻辑的问题更具挑战性。语言对算术的发展是必需的吗？认为必需的观点也称为强沃夫观点，因语言学家本杰明·沃夫（Benjamin Whorf）而得名[6]。经验证据表明，没有语言能力的婴儿和非人类灵长类动物有能力准确处理包含1~4个物体的集合。此外，对巴西土著蒙杜鲁库人（Munduruku）的研究揭示，他们的语言中没有表示大于5的数字的词。虽然这些印第安人不会做超过5的算术，他们却能对大的对象集合进行比较和"加"。这些发现似乎否定了强沃夫假设，因为没有语言符号也能得到近似的数。有人认为这种能力也许需要人类前额叶皮质神经元的活动，特别是顶内沟（intraparietal sulci，前额叶皮质的浅裂褶皱）。虽然对这个观点存在质疑，但是在短尾猿的前额叶和顶叶已经发现了负责数量的神经元。

结果表明，虽然语言对算术的开始也许不是很关键，它对儿童期的精确计数和算术的出现却很重要。虽然蒙杜鲁库人不会计数，西方儿童在3岁左右却突然认识到用于计数的词汇都指代某个精确数量[7]。从而，人们也许可以选择一种"弱"沃夫假说，虽然这个观点同样受到挑战，但必须进行更深入的分析。伟大的德国数学家克罗内克（Leopold Kronecker）曾说过，"自然数是唯一确切无疑存在的数。它们是主赐予我们的。其余的都是人的工作"[8]。根据我们目前的认识，这个天赋也许仅限于数字3或4。

通过简要回顾各种试图给出知识理论的方法，是否浮现出了一幅图景呢？现在我们已经看到思维超出了语言。但是一旦语言加入进来，思维就会发生爆炸，同时也存在将思维、信念甚至知识与命题等同起来的诱惑。传统认识论没有抵挡住这种诱惑。在寻求证实真信念的过程中，它陷入了一种语言游戏。它的目标远大，但是基础却建立在对我们思考世界和与世界交互的方式的狭隘假设之上。其模型依赖于笛卡尔基础主义（认为存在指令或信息的孤立接收者）或康德的先验和后验思想的混合体，似乎与事实不符。由于没有涉及科学知识和实验，传统认识论忽视了知识的实际发生。

针对这个问题，蒯因提出了自然化认识论。然而，由于将范围局限于表面感受器和物理学，它没有考虑意向性 —— 意识通常是关于事物，甚至是不存在的事物。而意向性是我们获取知识的一个重要方面。扩展神经元群选择理论的意识分析建议扩展自然化观点，不仅考虑意向性，还考虑物理因果与意识体验的关系。通过对演化出来约束大脑的选择系统的价值系统的研究，这个理论也能将情感体验与知识联系起来。

如果基于脑的认识论是正确的前进方向，它能认识到什么？又能得出多少东西呢？基于脑的认识论关注知识的多样来源。它承认自然选择的首要作用，但是并不试图单独用进化去解释行为。相反，它强调大脑结构和动力学的后天发生。根据这个观点，大脑的发育依赖于在世界中的行动，也正因为如此，每个大脑都是独一无二的。大脑的模式识别先于逻辑，甚至早期思维也是通过类似于隐喻的特征构造识别过程而具有创造性。这样的过程并非无关于情感。事实上，对适应性行为的进化很重要的价值系统的约束，使得情感体验成为知识获取的必要辅助，甚至在后来逻辑和形式分析占据主导后也是这样。

这个立场让我们得以基于大脑、身体和世界的互动来理解感知分类、概念和思维的起源。它为想象和记忆等对知识获取很关键的过程也提供了深入理解。最后，通过提供一个可检验的意识模型，它澄清了物理学和意识思想的关系。

在超越传统认识论的狭隘范围时，基于脑的认识论必然考虑分析幻想、记忆虚构和神经心理障碍等导致知识失真的一切。神经科学的进展为这些领域投入了新的曙光，这将在后面的章节考虑。

大脑科学很有力，但是也有局限。它对大脑运作机制的探索还处于初级阶段。此外，对于大脑如何产生出语言的认识还刚刚开始。语言，可以说是操作知识最有力的工具，既推进了问题，也使问题更复杂。我冒险揣测：即使我们能精确记录和分析人构造句子时数百万神经元的活动，我们也无法仅仅基于对神经纪录的推断准确给出句子的内容。我们能制造出有这种功能的"脑苷脂（cerebroscope）"的，可能面临着每个大脑的复杂性、冗余性和独一无二的历史因果路径等不可逾越的困难。然而，通过神经科学的探索，对于我们获取知识的方式，我们肯定能得出重要的总体思想[9]。

基于脑的认识论的直接应用还有另一个局限，关系到各种文化的常规问题。我们必须避免自然化谬误，并承认"应当"不是来自于"是"[10]。对于自然我们加入了我们习得之性的产物[11]。对自然以及道德和美学的完全的还原论科学解释，目前似乎还做不到。文化因素在决定信念、期望和目的时扮演了关键角色。就像里切尔森和博伊德所指出的，人类进化伴随着文化的协同进化，这提供了快速有力改变知识、情感和行为基础的手段[12]。

最后，我们必须认识到真理是多种多样的。科学关心的是可检验的真理。数学真理基于形式化证明和同义反复。蒯因将逻辑真理定义为当我们用其他语句替代其简单语句时仍然为真的语句集。历史真理更难确立，依赖于它们对复杂情形下的唯一事件的描述。对这些真理的验证是多样的，但是对于科学，它们可以通过预测证实（如果可能的话），或者像赫胥黎（T．H．Huxley）所指出的那样，通过"事后预言（retrospective prophecy）"过程验证——类似于休谟（Sherlock Holmes）著名的推断技巧的线索分析[13]。

那么认识论如何应对所有的反对意见呢？对我来说，要认为其已死亡似乎过头了一点。然而，即便我们将经验科学作为它的避难所，我们还是必须承认我们与知识的知识还相距甚远。即使我们承认基于科学的认识论是最有希望的方向，我们当下也必须满足于各种方法的混合。这是比传统方法更为谦虚和宽大的立场，但是我认为它会更富成果和适应性。

有了这个背景，我们也许能讨论一下人类知识的严重分裂，并考虑一下它们是否能够弥合。

第 7 章
知识的形式——科学与人文的分离

　　　　有两种事物在心灵中总是持久弥新，并且不断带来赞叹和敬
畏 —— 头上的星空和心中的道德法则。

　　　　　　　　　　　　　　　　　　　　—— 康德（Immanuel Kant）

　　我们对基于大脑的认识论的讨论承认真理有多种形式，并且对不同形式的真理也有不同的验证标准。除了科学研究的可检验真理，还有逻辑和数学真理，以及在历史文献和法庭上的真理。有多种哲学研究处理各种真理的形式，包括从先天综合判断到归纳、演绎和数学证明的深度分析。

　　我的立场是认识论的自然化不仅要考虑科学真理，也要考虑人类思想和意识中其他各种真理形式的生物根源。在这里，我想讨论一下科学和人文（包括所谓的人类科学）的长期分离。在追溯这个分离的起源后，我将提出与科学的大脑理论一致的方法来解决它。但是在追溯这些根源之前，我必须指出当我使用"科学"一词时，我是特指起源于 17 世纪的西方科学。当然，对科学的追求可以追溯到古埃及、古希腊，甚至黑暗的中世纪 [1]。但是我所说的分离肇始于伽利略和笛卡尔，并由哲学史学家维柯（Giambattista Vico）在 18 世纪早期明确

提出[2]。

历史学家伯林（Isaiah Berlin）将科学与人文的分离追溯到维柯。这个不那么著名的人物挑战笛卡尔的观点，并否认人类拥有永恒的灵魂。人类创造历史和理解自身活动的方式不同于他们对外在自然的理解。我们从"内部"——我们的"习得之性"——获取的知识，不同于我们通过观察外部世界所发展得来的。与将一组原则应用到所有知识的启蒙观点相反，维柯应用这些对立的思想并抨击新科学方法的总体主张。就像伯林所指出的，这开启了一场"看不到终点的"争议[3]。

维柯的思想在他1744年去世后才被人注意，他挑战了只有一种建立真理的途径的思想。与维柯相对，人们可以发现，从笛卡尔和培根直到现代，存在一条思想的主线，试图建立科学、自然和人文的统一思想体系。在这里我不列举这一边（著名的启蒙思想）的所有思想家，我将首先强调争论的另一方，可以被追溯到维柯的一方。然后我再比较还原论或统一科学的现代支持者所持的对立观点。

一个关键人物是德国思想家和哲学家狄尔泰（Wilhelm Dilthey），他将人类的知性视为解释性的，物理因果的概念在其中没有位置[4]。在他1900年以前的工作中（他于1911年去世），他否定人类本质为理性的观念；相反，其中混杂着愿望、情感和思考。他将心理学、哲学和历史归为Geisteswissenschaften，即人文科学。与之相对的是Naturwissenschaften，即自然科学，关注的是物理世界。

与维柯的设想相近，他认为描述心理学是人文科学的基础。后来他又将历史本身也作为基础，尤其是其社会历史学背景。本质上，狄尔泰的观点是基于诠释学，在某种历史文化内部对解释以及其条件的研究。

许多现代哲学家在这场争论中采取这样或那样的立场。另外，也还有其他支流。比如科学与宗教的分歧，最近还有"科学战争"，后现代主义者极端地认为，科学本身也不是客观的，只不过是观察事物的另一种模式，与其他模式相比没有优越性。

在这里我不想追究这些争议的细节，我只想提出如果想要弥合各方观点必须考虑的一个方面。在我看来，如果笛卡尔的二元论成立，分裂就必然存在——人文科学关注res cogitans（思维之物）而自然科学关注res extensa（广延之物）。这看上去似乎有些怪，因为笛卡尔想的是将所有知识建立在思维之物的基础上。事实上，维柯驳斥了笛卡尔的立场[5]。显然我所讲述的基于意识的立场也拒斥笛卡尔二元论。在某种意义上，应该说威廉·詹姆士也反对物质二元论，他否认意识是某种实体，而认为其是以认识为功能的过程[6]。

这个分裂所导致的困难使得许多思想家采取极端立场。哲学家怀特海就非常关注这个问题，并构造出一种形而上学——机体哲学（philosophy of the organism）——想绕开这个困难[7]。后来斯诺（C. P. Snow）又再次给这个问题推波助澜，他认为，存在着两种文化或群体：人文学者和科学家[8]。物理学家薛定谔没有走极端，他指出一个有趣的事实，伟大的物理学理论没有考虑感觉或知觉，而只是简单地假设它们[9]。

对于科学一方，极端的立场也被热情地采纳，就像历史学家和诠释学家们一样。比如，源自沃森（John B. Watson）和斯金纳（B. F. Skinner）的行为主义心理学流派认为所有心灵主义（mentalism）解释都应被排斥[10]。有些人，比如斯金纳，承认精神事件但否认精神作用的因果效力。在过去10年，出现了一种被称为消除式唯物主义（eliminative materialism）的观点，认为不存在精神事件或过程[11]。

另一种思维哲学流派 —— 逻辑实证主义（logical positivism）——则提出科学是知识唯一合法的形式。这里"逻辑"指的是其依靠逻辑和数学研究，并断言作为先验知识所必需的真理能与经验科学相一致。本质上，其观点是这个框架以外的所有陈述既不真也不假，而是没有意义。不幸的是，也没有方法能证明这种观点本身满足有意义的标准。逻辑实证主义最初来自维也纳小组，其中一些思想家希望能构造出完整而统一的科学。比如纽拉特（Otto Neurath）希望能为社会学建立坚实的科学基础，可惜他没有实现这个梦想[12]。不过他的一些观点与蒯因后来的自然化认识论观点相近。

最近还出现了另外两种科学还原论尝试。最为野心勃勃的来自理论物理学 —— 想要构建所谓的万有理论（theory of everything，TOE）。寻找一致的形式化描述（本质上是数学的）来统一四种基本力 —— 电磁力、弱相互作用力、强相互作用力和引力[13]。有人声称弦论（string theory）能实现这个目标。不幸的是，目前这个理论还没有一个可证实的形式，并且即便如此，它也肯定不会像薛定谔所说的，会包括对感知觉的解释。

另一种极端的科学还原论由威尔逊提出，是基于生物学而不是物理学[14]。他认为一旦我们了解了大脑形成和运作的后天规则，我们就能应用这些规则来理解人类行为，包括标准行为。威尔逊声称甚至伦理学和美学也能这样还原分析，他称之为协调（consilience）。"协调"一词是威尔逊从休厄尔（William Whewell）那里学来的，休厄尔在他的小册子《归纳科学的哲学》（*The Philosophy of Inductive Sciences*，1840）中曾经使用过。其意指多个学科的事实和理论"合到一起"创造出解释的共同基础。

威尔逊写道："既然人类行为由物理因果事件组成，为什么社会和人文科学就不能与自然科学协调一致呢 …… 人类史课程和物理学史课程没有根本性的分别，不管是谈论恒星或是组织多样性。"[15]

双方立场的极端说明需要有一种不同类型的协调，现在我将这样做。在此期间，我将展开前面简略叙述的一些观点。

第 8 章
弥合分歧

艺术是情感的客观化，自然的主观化。

—— 苏珊·K. 朗格（Susanne K. Langer）

我们能解决在科学中导致了极端还原论立场，在人文科学中导致了现象学、诠释学和傲慢的人文主义的问题吗？我们能弥合分歧吗？前面在讨论笛卡尔的立场时说过，弥合分歧的一个障碍就是无法将意识自然化。现在这已经有可能做到了，事实上神经科学有坚实证据表明我们的认知能力是自然界中进化的产物。显然，这种能力不是来自逻辑或计算，而是随着感知、记忆、运动控制、情感和意识本身等各种大脑功能的出现而涌现出来的。

大脑本身通过进化过程中一系列历史偶然事件涌现出来。由于人类大脑及其产物是在历史背景中发展出来的，人们可能会说研究其发展一定程度上必须用到历史学家研究社会变化或战争的同样方法。这在某种程度上是对的。但是自然选择理论有分子遗传学和古生物学的支撑，对大脑进化的历史考量多少能比对和平及战争中的人类交流的大部分描述更加一致。

伯林在他的文章中明确提出，有很多理由让科学的历史观念站不住脚 [1]。首先，不像科学，历史不能用普适规律描述。这并不是说历史学家就不依赖于普适命题。他们依赖于多重事实和经验的一般结构，通常涉及常识。不过，一般来说缺乏科学中习惯寻找的模型。此外，在科学中作为核心的逻辑和假说演绎方法在历史事件中通常不适用 [2]。它们虽然在社会学和经济学这样的人文科学中有应用，但还是无法应用于大多数历史场合。如果说科学关注的是相似和定律，对于历史来说关注的就是独一无二的事件和差异，通常依赖于给定文化的信念、愿景和意图 [3]。在考察人类事件时，研究者和诠释者必须将自己置于这些主张态度的结构之中。通常的历史是不同要素的混合物，可以在不同学科中进行研究，但是没有普适的定律。此外，历史叙述中还牵涉到与道德和审美相关的要素。这些问题纠缠着历史学家，他们经常还需要理解和诠释其他文化中发生的事件。

伯林提出科学和历史叙事代表了不同类型的知识。他用外部观察者和演员观点的对比来表述这种差异，一致和诠释之间的差异。有才华的历史学家必须能在许多维度上描述人的行为，而科学家则无法将他们的普适性与人类的通常经验相联系。在伯林看来，历史不是也不可能成为科学。

许多历史学家反复尝试过度概括历史解释。结果显得滑稽。举个例子，亨利·亚当斯的兄弟布鲁克斯·亚当斯（Brooks Adams），在《文明和衰退的规律》（The Law of Civilization and Decay）一书中，试图用商业的增长和衰退解释历史，结果差强人意 [4]。后来还有施本格勒（Oswald Spengler）和汤因比（Arnold Toynbee）的重要尝试，两人都有失偏颇。甚至维柯在尝试描述文化阶段的历史以及商品、英雄和人的历史时也有些过度概括[5]。

　　并不是所有描述和解释过去事件的尝试都过于宏大和可笑。比如加迪斯（John Lewis Gaddis）就对历史学家所用的方法论有精彩论述[6]。他充分认识到历史事件的偶然、不完整和不可逆转的复杂性。在描述处理这些事件的方法时，他批判了许多社会科学家线性和过度简化的分析。他认为牛顿模型无法适用于历史的复杂性，他也否定了还原论作为历史分析手段的观念。但是他提出历史学家的分析接近科学家！他的根据是科学家们在复杂性理论、混沌、分形等领域的进展，他感到这些与历史学家的方法学有相同之处。

　　不幸的是，这个类比有些缺陷。首先，虽然复杂系统的分析得到了一些有趣的结果，科学家还远没有对非平衡或不可逆过程有足够的认识。我们仍然缺乏应对复杂因果过程的有效手段，无法识别其中的独立变量。其次，对于具有混沌特性的确定性系统的测量仍然是物理测量。虽然这样的测量导致的微小初始误差会扩大成混沌，它们也仍然是定量测量。而历史几乎无法量化。虽然加迪斯坚持他的类比，不同意伯林的观点，但他精心总结的历史学方法仍然主要是定性的。

　　加迪斯辩称科学也具有历史的特性，包括宇宙学、地质学、古生物学、生态学和人类学。的确，这些领域的科学家必须考虑历史事件，而进化论和自然选择也必然要面对这些问题。（人们甚至能认为达尔文是历史学家！）而且，由于材料具有不可避免的复杂性和局限性，像地质学和古生物学这样的领域，不得不面对不完整的记录。但

是，存在有力的科学理论对这些领域进行约束 —— 对宇宙学是天体
物理学，对地质学是板块构造理论，对生物学是自然选择。对历史学
没有这样的约束理论，除了与心理学扯得上点关系 —— 弗洛伊德的
分析、理性行为的社会经济学模型，诸如此类。与加迪斯提出的最接
近的也许是生态学，在其中许多因素在复杂环境中交互影响。事实上，
我们有一定理由将生态学看作软科学。但是，即便如此，生态学仍然
具有一系列约束性的科学理论和历史学家所不具备的定量方法。

　　如果我们认可伯林而不是加迪斯的分析，我们也许会问为什么
科学与历史分析的方法论和目标会不同。答案不难找到。历史事件具
有偶然性，通常不可再现，并且经常是唯一的。它们涉及一些高层次
问题，关系到文化、语言的模糊性以及特定的道德或审美局限。科学
家也是人，必然也处于这样的环境中，但是他们的目标超越日常事件，
不管研究什么科目，都是要得出具有普遍性的模型和定律。

　　不过，有趣的是，这些定律本身并不产生科学。人们通过实验和
假说得出定律。科学本身，最起码西方科学，产生自特定的历史背景。
是什么因素决定了从培根和伽利略开始一直延续到现在的科学知识
的实际历史涌现呢？

　　我相信我们能通过研究大脑的演化和运作得出这个问题的答案。
在前几章，我提到有证据证明大脑和心智是自然选择的产物。我下结
论说人脑本身也是具备高度灵活回路的选择系统。这些回路的子集被
选择出来与外部世界的复杂事件信号相匹配。在前面的章节，我提出
大脑不是计算机，世界也不是编码好的数据。大脑必须在缺乏精确信

号的情况下，在遗传的价值系统以及各种感知和记忆事件的约束下建立起行为规则。对于人类，这样的系统和事件必然涉及情感和偏见。

选择性的大脑本身表现出历史偶然性、不可逆性的特征以及非线性的运作过程。它们由极为复杂的冗余网络组成，嵌入各不相同的人体中。此外，人脑主要是基于模式识别而不是逻辑进行运作。他们对特定的模式有很强的辨别力，与此同时又不断犯错误。无论是感知图景还是高级信念都是这样。但是对学习的分析证明，适当的奖惩通常能校正错误。

在我们基于选择性的大脑思考思维模式时，模式识别和逻辑之间的一组关系具有对比性，起到加强效果[7]。早期的思维模型高度依赖于涉及隐喻的模式识别。隐喻反映出了极为复杂和冗余的大脑网络的广度和联想力。隐喻思维的产物能被理解但是不能像明喻或逻辑命题那样被证明。比如，如果我说"我已到了生命的黄昏"，这句话能被理解但是无法证明[8]。

语言本身反映了思维模式具有的建构性以及天生的模糊和不确定的一面。这些特点是必定具有冗余的选择系统在特异性和广度之间妥协的产物，我将在第十章处理这个主题。这种系统多样的能力不可能与它们必须识别的对象完美匹配。但是通过对一系列变化的选择，随着特异性的增加，它会越来越精巧。在这种情形下，可以应用逻辑和数学。可想而知，最初的冗余、模糊和复杂性是创造性思维强大的模式识别能力必然的产物。对于科学来说，随后观测、逻辑和数学的应用会产生出定律或较强的规则。而在历史分析的情形中，定性判断和解释通常是我们所能做到的极限。

虽然所有的大脑功能和认知能力都受物理学的限制，并且可以理解为是自然选择的产物，但并不是所有这些能力都能用还原论成功地解释。作为弥合分歧的手段，威尔逊提出的协调观念是不可取的[9]。比如，他提出像道德和审美这样的常规系统可以用大脑的后天规则解释，这个思想与这些系统的本质以及选择性大脑的工作方式都不一致。就像休谟指出的，"应当"不是来自于"是"。这种观点陷足于摩尔（G．E．Moore）的自然主义谬误[10]。从大脑和思维的方面看，后天规则无法令人满意地解释大脑中冗余网络丰富的复杂性和个体经验。就像我们曾指出的，意识体验本身是对高层感质空间极为复杂的区分，并且每个个体的经验和脑事件场景都不一样。虽然有意向性和行为的特定规则，它们却是可变的，依赖于语言和文化并且极为丰富。主观性无法还原。

在基于大脑考虑知识的获取时，存在有趣的递归因素。要得到科学，我们需要选择性大脑的历史活动。最终，这允许特定物理和化学事件还原为普适定律。世界和宇宙的秩序遵循物理定律。余下的个体和历史事件必须也遵循这些定律，但是无法完全还原为这些定律[11]。不管是否可以还原，我们都能同意所有事件都是科学地建立在自然秩序的基础之上。大脑和意识思维的进化在物理学定律的框架内通过自然选择发生。因此，结果很明显：通过智人的进化，语言和高级意识的涌现使得经验科学在可证真理的帮助下成为可能。与语言相关的逻辑的应用、对世界的观测以及研究不变思维对象的数学，加速推进了这些发展。但是，这些发展发生在一个无法还原为它们或通过它们还原的特定历史场景中。此外，具有高级意识和模式识别能力的选择性大脑能在特定历史和文化条件下创造出艺术、审美和道德体系并不矛盾。我们可以得知，在科学和人文之间逻辑上并不必然分离，只是对于将科学作为我们知识中基本但并不唯一的基础存在一点紧张的关系。

这幅图景作为基于大脑的方法论的起点，明显比以前的哲学家们对认识论问题的严格发展更为模糊。但是，其并不排除严格发展。相反，它将它们关联到自然和神经元群选择的最终起源上。与蒯因的自然化尝试比起来，基于脑的认识论没有停留在皮肤或感知器上[12]。它所包含的不仅是感知。事实上，它是在自然达尔文主义的基础上对意识状态的分析。这些状态的神经基础使得人类知识成为可能。

虽然我们所有的知识都是基于我们的意识状态，这些状态对于学习却是必要又并不充分的。意识状态本身具有不可逆、偶然和易变的特性。它们是一个整体，但是变化得很快。它们具有很广泛的内容，并且提取存储的记忆和知识。它们受注意力的调整。总的来说，它们反映出主观感觉和感质体验。折返动态核心的涌现提供的进化优势，使得其主体具有大量对感知运动的区分。感质正是由这些不同内核状态产生的区分。它们能表现事实、幻想以及一切受神经价值系统约束的主题。

有了这幅与神经达尔文主义相一致的图景，毫不奇怪，丰富的个人经验和外部历史事件能同时拥有偶然和必然的特征。背后的历史过程具有的复杂性使得我们不可能将所有体验还原为科学描述。令人奇怪的事件仍然存在：这样的系统中思维居然产生了科学革命和科学定律的普适性。分歧并不是问题，这个过程使得我们既能理解科学也能理解人文。

第 9 章
因果、幻想和价值

实在不过是幻象，虽然很牢固。科学只能断言是什么，而不能说应当怎样，在其领域之外仍然需要所有的价值判断。

——爱因斯坦

在尝试追随和完成伽利略的跨越时，我们不必放弃科学的目标。目标就是拥有对自然的真实描述，这种描述与价值无关，摆脱幻想。就像物理化学家范特霍夫（Jacobus Henricus van 't Hoff）曾说过的，科学是借助于可证真理的想象[1]。如果我们承认这点，就必须同样承认，假如观测和实验引出证实，则想象没有必然的限制。

承认意识是科学研究的正当对象，其后果很有趣。人们必须寻找新的分析手段，要不同于第三人称研究中所使用的因果分析。同时人们还必须意识到意识是第一人称事件，表现出意向性，反映信念和期望，并且受制于创造性想象力的"堂兄弟"——幻想和反常[2]。要想知道如何应对这种情形，我们必须分析大脑活动的因果关联。然后我们还必须在这种分析中允许幻想的存在，无论是有用的还是没用的。

首先，我们来回顾一下。我们的立场是，由于人类大脑的选择特性，人类科学对大脑所谓的外成规则的还原是不现实的。大脑的运作是将其非线性的变化能力与外部世界和自身信号提供的偶然、新奇和非线性的事件进行选择性匹配。随着真正的语言和高级意识的出现，可以体验到大量区分。这些区分的冗余和联系伴随着动态核心整合的大量状态组合和重组。这些状态不必是被证实的，而且通常是建设性的，是随意的和依赖于背景的。

思维的模式最初是来自模式识别而不是逻辑。由于神经系统的选择受到遗传的价值系统和基于感知的记忆的约束，系统从而产生出意向性、信念、欲求和情感状态。这种系统受限于内部和外部的偶然事件。它既能表现正常也能表现出异常状态，而其中一些状态是个人的主观特性，无法进行还原。

所有这些特性都以一定的形式在思维和语言中表现出来。在早期，隐喻在思维中占据主导，甚至在逻辑发展以后，语言中也有着丰富的隐喻表达。不仅如此，蒯因指出，语言本身在引用和翻译时也表现出不确定性[3]。自然语言具有内在的含糊性，但这不是致命弱点。相反，它是我们在想象力构造中看到的丰富组合能力的基础。这些特性正是人们预期的选择性大脑运作的产物。

当这种力量受到逻辑、数学和受控观察的约束时，科学洞察就产生了。但并不是所有的判断和思维都能还原为科学描述。一个重要的例子是在道德和美学领域中的规范性判断（normative judgment）。休谟的观点依然成立，"应当"不是直接来自于"是"。

　　这些在科学还原论上的限制并不意味着意识活动、语言和意义问题来自于某种思维之物的怪异王国。事实上，通过解释意识思维的神经基础，我们能让思维的丰富特性与物理和生物学相一致。结果实际上是一种和解的形式；分歧是不必要的。

　　为了给这种和解（以及基于脑的认识论）提供一个坚实的基础，我们必须强调一个经典问题：意识和"心智事件"是因果性的吗？如果不是，因果性的脑行为与意识又是什么关系？这些问题的答案也许会让我们震惊，因为它们揭示出我们赖以生存的一系列幻象。

　　心智事件或现象体验通常被视为具有因果性，但是由于意识是折返动态核心中神经整合活动产生的过程，它本身不具有因果性。在宏观层面上物理世界具有因果封闭性（causally closed），只在物质或能量层面上的互易具有因果性。因此，丘脑皮质核的活动具有因果性，而其产生的现象体验并不具备。为了解释清楚这一点，我们定义 $C_{\_}$ 为某个特定时间组成动态核心的神经活动的整合特征。$C_{\_}$ 产生我们称为 C 的意识状态，其涉及一组特定的区分。$C_{\_}$ 不仅产生 C 而且对之后的 $C_{\_}$ 状态以及身体行为都具有因果力。$C_{\_}$ 与 C 之间的关系是牢固的，因此在大多数情况下，我们能将 C 视为具有因果性。事实上，C 状态表现 $C_{\_}$ 状态的信息。它们是我们了解这些状态的唯一途径，因为我们的神经生理学手段目前还无法记录无数神经元对一个给定的因果核心状态的贡献。

　　因此，我们必须承认，我们认为的意识导致事情发生是许多有用的幻象之一。只要想到我们相互交谈时用的就是 C 语言，就能体会这种幻象的作用。但是其背后的神经活动产生了个体和精神反应。哲学家称这些结论为副现象论（epiphenomenalism）的一种形式——认为意识什么也不是。事实上，它的作用是告诉我们我们的大脑状态，从而对我们的理解起到核心作用。一旦彻底理解折返核心状态的发生机制，哲学家们对副现象论的习惯性厌恶就能消除[4]。

还有一种意识幻象，我称之为赫拉克利特幻象，即因为它反映了我们思考时间和变化的方式。大多数人对时间流逝的感觉是一点或一个场景从过去到现在再到未来的运动。但是在严格的物理意义上，只有当下存在。核心状态整合产生意识状态需要200~500毫秒。这个时间段是记忆当下的下限。过去和未来相对来说是高级意识才有的概念。然而，我们经常以赫拉克利特之河的流动来思考时间的流逝。通过这种幻象，我们在不同的情形中都体验到持续的变化感。与时钟时间不同，体验时间会随着意识状态的不同而产生快慢变化。

这些问题也许可以和另外两个问题联系起来，即意识区分在以秒或分钟计的计划中的作用，以及核心活动与涉及行为的脑区之间的时间关系。我曾说过，意识状态的整合需要数百毫秒。而无意识的神经活动产生的行为反应要快得多。许多这样的反应（除了天生的吃惊反应）需要有意识的训练。熟练之后，习惯反应就能无意识并且迅速地通过皮质下结构与皮质的交互产生。显然，是核心状态、注意和皮质下反应之间的互动提供了复杂组合动作和行为的基础。

与因果意识幻象和赫拉克利特幻象相联系的是历史悠久并且充

满争议的自由意志问题[5]。如果坚持所有物理事件都有因果性，那人们就必然会得出结论，认为作为物理事件的核心状态是确定性的。然而，如果没有物理上的限制，或是被关起来，或是神经遭受严重病痛，我们就可以骄傲地宣称，我们具有"照我们喜欢的"或"认为合适的"去做的能力，不管是不是幻象。正是在这个基础上，我们要负责采取社会"认为正当"的行为，并且通过奖惩训练我们的孩子。

这些问题都与常规关注和神经状态之间的关系相联系。我们摈弃了"应当"来自于"是"的思想，也批判了自然主义者的谬误。然而，我们都遗传了一组神经结构、价值系统，它对大脑选择系统的运作很重要。我在前面曾指出，这些系统的功能是为物种提供对发生的多样选择事件的特定约束。吸吮反射、吃惊反应以及荷尔蒙通路和自主神经系统（autonomic neural systems）的行为反映出我们的新陈代谢、生理状态和情感对我们的适应能力很关键。然而，不能将它们与在它们的约束下通过经验选择产生的类别相混淆。事实上，对于具有高级意识的人类，类别的学习确实能改变价值系统的设定。人类与大多数动物不同，具有可改变的价值。其所导致的后果很难预料，动物中没有这样的圣徒，在受到折磨时宁愿死去也不背叛。

因此，价值系统也许会引发某种社会价值观的形成，但不会直接决定它们。价值系统提供了我们复杂情感反应的大脑基础。与达马西奥（Antonio R. Damasio）对情感的神经生物学的精彩思索不同，我认为情感是核心与价值系统的交互产生的复杂状态[6]。随之产生的C_状态不仅伴随着情感和认知内容，也伴随着这些状态导致的身体反应。产生的高兴和不高兴显然反映了调节价值反应的行为。但是，正如C_

状态所反映的巨大的复杂性，它们与价值系统的交互也能导致大量复杂的情感，或许还有认知伴随物。所有这些反应都与我们称为自我的认知和情感的构造过程紧密耦合在一起。

如果我们将基于脑的认识论与其他哲学先驱的概念图景进行对比，我们必然会震惊于一个惊人的差别。我们所说的传统认识论关注被证明的真信念，追求真理和真条件。这种关注的重要性不能被低估。但是另一方面他们的追求主要被语言、意义和逻辑所占据，这走进了一条死胡同。动机（意识之类）、情感或模式识别以前都不是这项事业正当的关注点。然而，它们对知识的获取都很重要。

虽然让这项事业以生物学为基础显得不那么有层次，它却可以被视为传统观点的先导和发源。对这个结论的一个可能的批评是，它与心理学和认识论相混淆。就算是这样，理解知识在进化的漫长过程中如何产生也与理解去引用化真理同样重要。如果我们同意命题"雪是白的"为真当且仅当雪是白的是确定某种真理的优雅方式，认识到其生物学根源就与认识到其社会起源同样重要。原因很直接，有各种各样陈述真理的立场，并且这些立场必须被置于与它们的起源的关系之中。将不变性局限于词汇替换（一阶谓词逻辑的特点）过于狭隘。辅以逻辑的创造性意识想象在科学真理的发展中已经走得很远了。因此，思维和行为中的创造性如何从作为选择系统的大脑的运作中涌现出来的问题就很有意义。

第 10 章
创造性——特异性与广度之间的游戏

> 人类思维直觉胜过逻辑，理解胜过盲从。
>
> —— 窝王纳侯爵(Luc de Clapiers , marquis de Vauvenargues)

在讨论创造性时，我想更谨慎保守一点。我的目标不是讨论美学或艺术创造的细节。我们问的是选择性的大脑理论应该如何为理解个人和群体的创造性行为提供实用的背景。"创造性"这个词本身具有丰富的含义。根据字典的解释，具有创造性是新颖、独特、富于表现力或想象力。创造是构建、制作或实现。创造者这个词有一个意义就是上帝，这在一些场合很常见。一个不那么明显的意义是创造者具有创造的自由，将创造性的各个方面同自由意志问题联系到了一起。

我说了，我将不涉及这些问题，也许有人会问那我为什么要谈创造性问题。那是因为我相信可以通过这个例子来理解，大脑通过选择性机制的运作产生出的大量区分所组成的意识，能为创造性意识提供基础。我希望在追溯这个问题时能详尽彻底。神经达尔文主义原则不是对我们在一切领域的创造能力的近似或终极解释，但是它们能对意识和非意识大脑活动如何产生新思想、艺术、音乐作品和文学创作的问题带来启发。在这些作品和创作中我们揭示出一种习得之性。如果说我们对世界的科学描述关注的是本性，我们的创造性反映的就是我们的大脑产生习得之性的能力。

这是因为大脑模式的复杂性能够选择性地匹配来自自然本身的复杂性。我曾说过，如果神经达尔文主义的假说是正确的，那么所有感知行为在某种程度上都是创造行为，所有记忆行为在某种程度上都是想象行为。此外，记住成熟大脑主要同自己交互。梦、想象、幻想和各种意向状态都反映了意识过程背后的大脑事件巨大的重组和整合力量。

无需触及自由意志问题，我们可以看到意识的神经达尔文主义及其扩展理论提供了这些组合行为的基础。首先，一个选择性的系统必须依赖于多样性的产生。产生的模式总体上必须包含极为大量的变化。免疫系统是一个很好的例证[1]。每个个体都可能具有产生各种抗体的能力，但如果成百上千的变体仅仅只是产生出来，系统还是无法识别病毒和细菌表达的各种外来抗原。事实上，抗体变种 —— 每种对应一种淋巴球 —— 的数量超出1000亿种。然而，超过了某个上限，产生更大数量级的抗体就会导致收益递减。足够多的抗体种类还会表现出组分的冗余 —— 某种抗原能被不止一种结构不同的抗体识别出来。这种系统不是根据其最终必须识别的对象的信息建构的。相反，它通过选择性变体的差异放大对它们进行响应。

类似的观念也可以应用到作为选择系统的大脑，神经通路和动力学一般来说并不预先描述大脑将要通过感知分类识别的信息。当然，即便是大脑，也存在由进化决定的价值系统和某个物种特定的反射特征。这些在响应外部和内部信号时对选择事件进行约束，但是并不完全决定它们。大脑响应时的运作类似于福斯特（E．M．Forster）曾说过的话，"除非我懂我所说的，否则我怎么知道我在想什么呢？"[2]

这些与创造性有什么关系呢？在形成丰富的技能时，如果没有提供被识别对象的信息，在建构系统时就只会涌现出不多的特定识别。因此，如果没有指导，又需要识别大量不同的状态，那么付出的代价就是损失一些特异性。如果需要响应大范围的信号，这个损失——比如语言的模糊性或不确定性——是必须付出的代价。事实上，我们知道动物生存的小生境中有大量个体必须适应的信号。个体和物种想要生存，就必须在特异性和广度之间进行妥协。

与之类似，大脑或免疫系统除了识别的广度，还必须存在其他机制，以便开始最初的选择阶段。最初选择的识别要素在差别放大之后必须精细化。在免疫系统中是通过对已经选择的细胞进行变异和复选，从而产生出对外来抗原具有更高结合能的抗体。当然，对于大脑，提高特异性的方式完全不同。

大脑依赖于一系列机制提高响应的特异性。一种涉及经验选择，通过价值系统的活动约束突触强度的变化。从最初的试探响应到后来的条件响应的学习变化特异性和广度之间的对比明显涌现出来。另一种特异性源自注意机制，它限定神经响应的特定模式，同时忽略其他模式。

丘脑皮质响应模式的数量庞大，无法估量。上面提到的机制可以

与（比如记电话号码的）短期工作记忆或对过去生命事件的长程记忆
结合起来，通过大脑功能的交互产生响应。

　　关键是选择系统允许思维和想象甚至还有逻辑和数学计算的大
量组合自由度。思维的序列可以是表象的，就像视觉图像的序列，或
是推理性的，就像基于语言的思维，在其中不必涉及想象。从这点考
虑，思维就反映了运动感知大脑通路的活动，其中肌肉运动很重要但
并不形成动作[3]。虽然思维的序列涉及皮质运动区域的活动，运动
皮质本身却并不随之发送信号给脊髓运动神经元或肌肉。

　　我说过，我认为存在两种主要的思维模式 —— 模式识别和逻辑。
我也提到过，考虑到所面对的新奇事物的广泛多样，首要的模式就
是模式识别。这主要表现在格式塔响应、词汇排序和各种分类行为
中[4]。它非常强大，但是因为需要广度，它损失了一些特异性。在一
些情形中，可以用逻辑来消除模糊性。显然，借助受控的科学观察可
以有效提高特异性和一般性。这个从广度到特异性的变化，可以被认
为反映了基于脑的认识论和传统认识论之间的生成关系。

　　现在我们可以将创造性问题视为选择性神经系统的产物。作为具
有高级意识的人类，核心状态的重组有巨大的自由度。不管是什么领
域，创造性都必须首先允许大范围的可辨别感质。这个约束通过经验
和惯例促使产生各种"内部试验"，牵涉到有序和无序、紧张和放松
以及大脑核心和非意识部分的互动。当然，从文化中得到的经验也会
进一步约束所产生的输出。这些经验决定对模式的选择和响应，改变
对经验流的期望并推动对其的抽象。

　　许多创造性响应依赖于大脑行为的建构性本性。这甚至可以在病感失认症（anosognosia）等神经心理学疾病中出现的对现实的否认中看到，下一章我们将对此进行讨论。与计算机不能容忍程序有错误不一样，大脑要以适应的方式处理新奇事物，因此即使在正常大脑中也必须容许错误的可能。毫不奇怪西方科学的最初起源依赖于科学本身既不能证明也不能证否的特定规范和信念，即便其已成功成为真理的主要来源。

第 11 章
反常状态

　　你肯定总是为精神疾病感到困惑。我最害怕的事情是，如果我得
了精神病，你会采取平常的态度吗；你会想当然地认为我被蛊惑了。

　　　　　　　　　　　　　　　　　　　　　　　——维特根斯坦

　　俗话说具有创造性的天才接近于疯狂。但考虑到导致功能失常、错觉或幻觉的脑部疾病，这个观点的真实性有限。不管是因为药物、大脑慢性衰退、击打还是什么，意识的反常状态都不像创造性行为，并不总是需要复杂的标准来判定它们不正常[1]。神经心理综合征患者有导致症状的明显脑部损害。对于心理学，致病因素可能更为微妙，疾病的病源学和发病机制也可能更为深奥。然而，对于精神分裂症的深度错觉或幻觉状态不存在误解。并且虽然两极失序的病人的问题更难琢磨，他们实实在在的痛苦和与正常状态比起来迟缓或狂躁的行为足以提供诊断依据。

　　然而，对于神经学，不得不面对正常标准的问题。不快乐是神经疾病的症状吗？神经疾病患者仅仅是感到极度的不快乐吗？对于这些问题我们能说些什么呢？

我认为通过思考我们如何考量大脑功能、意识以及科学对人类知识的影响，也许可以为反常精神状态的问题带来启发，反过来也是一样。由于这个问题很庞大，我无法过于深入地分析。我提议首先考虑神经心理学症状，因为它们通常说明了正常的大脑功能。然后我将简要考虑心理学，尤其是各种意识疾病。最后我将接受神经官能症的挑战。对最后这组例子我希望多加考虑，因为它们与正常行为的界限经常很难区分。

对此我将强调的问题是，人们是否能合理接受或是需要一个神经疾病的理论。显然，这引出了关于神经疾病和人性理论的先驱弗洛伊德的思想。在开始思考这些问题之前，我最好先谈一谈心理分析理论。首先，看一看弗洛伊德的杰出成就[2]。不管人们如何看待他那些怪异的隐喻，弗洛伊德都是行为的潜意识过程效应的重要阐释者。此外，即便人们否定他对人格结构的描述，他还是为研究所谓的自我防御机制提供了清晰的描述和新颖而且实用的术语。这些都是值得尊敬的成就。

然而，如果考虑他对婴儿性欲的阐释、对梦的解析以及对压抑和记忆的解释，问题就更难考量了。弗洛伊德将他的思想组织成了可以用来说明神经疾病的心理学"理论"。不幸的是，这个所谓的理论主要由隐喻组成，因此也无法验证。（就像我以前曾指出的，隐喻不像明喻，可以领悟，但是无法证实或证伪。）这些隐喻对人性解读的问题很有吸引力，对于弗洛伊德的主张的传播也有明显的贡献。

不幸的是，弗洛伊德的观点是建立在有缺陷的生物学基础之上。一个例子是他相信拉马克（Lamarck）和海克尔的生物遗传律，认为个体发育重现物种进化[3]。此外，后来验证心理分析疗效的尝试也不足以令人信服。

就我看来，弗洛伊德的想象力惊人，而且在一定的背景下甚至很有用，但这并不是科学的洞察。不过他的尝试引出了我最终想强调的问题：神经疾病的科学理论是否有必要，甚至是否可能？对这个问题的处理，牵涉到我们一直在考虑的还原论。在开始处理之前，首先让我们回到神经心理学和脑部官能疾病。这将给基于脑的认识论对幻想以及信仰起源的处理带来启发。

作为描述性学科的神经心理学可以追溯到现代神经科学的开端[4]。经典的例子包括布罗卡失语症（Broca's aphasias）和维尔尼科失语症（Wernicke's aphasias）。运动协同皮质的损伤扩展到布罗卡区，导致语言生成能力受损。布罗卡病人能理解语言但不能生成语言，而且表现出语法和词序错误（所谓的语法缺失，agrammatism）。相应的，维尔尼科失语症病人主要表现为语言理解缺陷。受损的是维尔尼科区，接近颞叶的上部。有这种症状的病人说话空洞，不能表述自己的思维。他们经常使用错误的词汇（错语症）或者自创新词。

关于布罗卡失语症和维尔尼科失语症，在19世纪晚期就有记录，是神经心理障碍的经典例子。现代研究发现，它们还涉及其他皮质区。皮质下区域通常也牵涉其间。由于它们历史悠久，我在这里将它们作为经常是由于击打造成的大脑损伤导致功能变化的典型例子。其他例子还包括失用症（运动不能）、失认症（虽然能看能听，但是不能识别物体）、失读症（失去阅读能力）、失写症（失去拼写能力）、诵读困难、健忘症（各种记忆缺失）和脸部失认症（无法识别面孔）。这些（以及我没有提到的其他）障碍可能或多或少与特定脑区的损伤或大脑某些部位胚胎发育不良有关。

这些障碍显然是大脑损伤或发育不良导致了某些功能改变或丧失。我在这里提到所有障碍都涉及初级补偿——一种幻觉反应，受伤者误认为真实的编造和重构。有时这些补偿反应非常精致，无法被发现，有时又显得很怪异。我之所以在这里强调它们有两个原因：我们知道它们是由严重的大脑损伤导致，并且对损伤的反应相当清楚地揭示了在面对严重损伤时大脑的构建能力。

一个惊人的例子是所谓的断开症状。其中大部分涉及胼胝体的缺失，胼胝体是左右半脑之间由数亿轴突组成的连合（一束神经组织）。这个连合没有形成的情况很罕见，或是由于某种基因缺陷退化了。在一些病例中，癫痫病人必须接受手术切除胼胝体。斯佩里（Roger Sperry）对此导致的症状有精彩的研究[5]。虽然连合部切开术病人在常规环境中行为表现正常，斯佩里却证明，通过实验很容易就能发现行为差异和认知差别。让病人盯着两个屏幕，一个用左眼，一个用右眼。然后病人可以通过言语或动作对命令做出反应。对于右半视觉区域的图像会有来自左半脑的言语反应。而右半脑对左半视觉区域图像的反应只能通过左手的指点作出。事实上，在特定的拼图任务中，由右脑引导的左手比右手表现得要好些。在一个例子中，一位年轻的病人能够用左手通过拼字块回答书写的问题。一个著名的摇滚歌星，病人能用左脑作口头回答，而左手拼出的却是另一个名字！根据此类的证据，斯佩里认为有两个意识在运转——一个是平常由来自左脑的言语主导的意识，一个是来自右脑的更受限的意识。（这个结论有争议，但是还没有被推翻。）

一个身体怎么会有两个意识呢？神经达尔文主义的扩展理论提出的假说认为存在两个动态核心，两者的能力依赖于受皮质中不同目标区域约束的折返连接。

在这些病例中，如果左手表现出相反的行为，语言障碍病人会对任何明显的矛盾虚构出合理解释。这关系到正常人的认识论问题。它表明，具有语言意识的人的大脑会不惜一切代价让模式完形或"有意义"。我们在其他神经心理症状中也能看到类似的现象。

还有失去一个大脑半球功能的症状。一个例子是半侧忽略症（hemineglect），如果右顶叶皮质（图1）受到严重击打，有时就会出现这种症状。病人报告在左半视觉区域没有视觉，并且行为受到影响，比如刮胡子只刮右边，或是看钟只能看到十二点到六点，看不到六点到十二点。

更严重的打击，超出了右顶叶，能导致古怪的病感失认症状。病人不仅感觉不到左边，而且左边完全瘫痪。但是有这种症状的病人却否定自己瘫痪了！他们神志清楚，说话和理解能力正常，并且一般没有神经或精神方面的疾患。然而，他们对自己状况的反应却可能自相矛盾，没有动却虚构自己在动。过了几个月，他们开始意识到自身的瘫痪，他们对前面患病感失认症期间行为的记忆也是虚构的。这再次表明，结合了以前经验的身心互动会导致明显的幻觉判断，在其中自我一致比眼见为实更为重要。

　　类似的，有种被称为安东症（Anton's syndrome）的病，病人在生理和行为上都是盲人，但是他们声称自己看得见。盲视的例子与此也许有关，在这种情形中，病人的大脑皮质看不见部分视域，但是要他们猜测盲区中的人时，他们仍然能作出正确判断。脸部失认症病人也有以前习得的一些反应。这些病人有可能无法清楚认出配偶的面孔，但是在图片测试中对配偶面孔图片会有一些正面反应。有时候病人的信念显得非常古怪。比如冒充者综合征（Capgras），有些病人表现出严重的记忆错误，比如，病人声称他们的母亲不是真的，是假冒的。

　　颞叶受癫痫侵袭会导致病人在到了一个新地方时认为自己以前到过这里（幻觉记忆，déja vu）或者产生与以前截然不同的思维（幻觉思维，déja pensée）。[6]

　　我希望举的这些例子能够表明身心关系对知识和信念的获取很关键。大部分症状表现出意识或注意力受损。也许最为重要的是，大部分症状都不是因为早期的精神创伤，或是病人的精神错乱。（不过，在一些情况中，精神疾病也会导致相似的症状。）

　　虚构事实的病症与眶前额叶皮质（orbitofrontal cortex）的受损有关[7]。这个大脑区域受损或者与其他区域断开通常会表现出不负责的行为或无法对行为进行计划。类似的，丘脑内侧背核（mediodorsal nucleus）与自我虚构有关。有人提出假说认为，在所有脑区中，这两个脑区对于监督不正确的思维很重要，当它们不能正常工作时，就会产生虚构。这个假说的缺点在于没有对这些大脑区域与其他区域的关系进行解释。

对于我们的目标来说，关键的是，即使大部分这些症状的详细发病机制还没有搞清楚，也没必要求诸于其他理论，神经达尔文主义就够了。当然，仍然存在具有挑战性的难题：当特定大脑区域受损时，具有折返丘脑皮质交互作用的选择性大脑的反应会如何影响行为和信念。这还需要进行大量研究工作才能搞清，在这些疾病中，折返交互作用总体上会如何改变，以使余下的皮质区域能对损失进行补偿。

另一种反常状态更具挑战性，即精神变态[8]。精神变态是正常生活和与外界接触的能力有严重缺陷的疾病。理解这些疾病的病源和发病机制对我们来说是挑战，虽然存在神经和化学紊乱的证据，但通常没有明显的大脑损伤证据。当然也有例外，像中毒导致的精神错乱（例如深度酒精中毒导致的科尔萨科夫精神错乱，Korsakoff psychosis）、第三期梅毒以及阿尔茨海默病等。

但是通常很难找出明确的损伤。例如，形态最多的精神疾病——精神分裂症，有明确的证据表明存在多种突变根源。但是复杂的环境似乎也有贡献，致病因素纷繁复杂。精神分裂症患者表现出各式各样的症状，包括第三人称幻听（third - person auditory hallucinations）、疑心病（ideas of reference）和受控观念（ideas of influence）以及受外力控制的错觉。这些症状通常伴随着情感迟钝和糟糕的人际关系。

狂躁抑郁症是很严重的情感障碍，有证据表明药物失衡会导致明显的行为反应迟缓和意识压抑。但是即便清楚详细的病史，也很难将症状仅仅归因于环境。对于神经心理障碍，似乎无需用人格理论来解释反常状态。相反，人们必须找到大脑机制的变化，并将其与大脑活动的科学假说联系起来。比如，精神分裂症的妄想幻觉是否是高级核心区域和非意识大脑区域之间的折返连接时延畸变所导致的？如果连接核心响应的某些时延是生理或微观生理异常所导致，可想而知病人也许会将自己的思想误认为是外界的声音，或是将没有恶意误会为有恶意。不管怎样，解释精神反常症状的发病机制看来不需要复杂精致的人格理论。

　　我们到底需不需要这样一种理论呢？在问这个问题时，有一组症状将是我们遇到的最大挑战，它们被含糊地归为"神经病"。弗洛伊德的主要目标正是理解它们。在1980年以前，神经病描述一组很宽泛的症状，与精神病比起来较轻，并且没有失去与外界的接触。1980年，在《精神障碍的诊断与统计手册》第三版上（*Diagnostic and Statistical Manual of Mental Disorders*, DSM-III），美国精神病学会除去了这个宽泛的类别，而用各病症自身的名称进行描述。

　　精神病包括一系列症候群。焦虑障碍包括焦虑、恐惧以及强迫症。歇斯底里症归入躯体形式障碍（somatoform），其中包括转换性癔症、疑病症和躯体化障碍；歇斯底里症也归入分裂障碍，其中包括分离型癔症、健忘症和失忆、多重人格和人格崩溃。

　　恐惧症对事物和身体功能表现出过度恐惧，而实际本来没有危险。病人对来自这些来源的刺激表现出极度焦虑。具体例子包括恐旷症（恐惧或公共场合）、恐高症（害怕高度）和幽闭恐惧症（害怕封闭空间）。强迫症会有反复出现的幻想（强迫观念）或行为（强迫行为），病人明白这一点，常常会竭力抗拒，但是做不到。病人会有反复出现的古怪念头，例如，认为所有的第3词都是"脏的"，强迫性地不断用手把嘴盖住。病人知道这是不正常的思维，因此他们的现实性测验仍然正常。

歇斯底里症会有转换症状（conversion symptoms），例如某些肌肉群或手脚看似瘫痪。有些则会抱怨看不见或听不见。另有一些则会表现出分裂——失去对感觉和记忆的清醒意识。这也许是因为健忘症或失忆症，使病人失去了身份认同和对过去生活的回忆。躯体化障碍会有各种模糊不清的对身体不适的抱怨，例如头痛、恶心之类，但是又没有实质性的器质性病变。这个病可以与疑病症区分开，疑病症患者会认为自己患了重病。

在这里无法详尽阐释弗洛伊德提出的对神经病的解释[9]。根据心理分析的思想，神经病是由内心冲突引起的。这些冲突通常来自幼年时期婴儿性欲冲动的挫折。心理分析的基本推论与潜意识驱动的观念紧密联系在一起。神经病患者是用各种防御机制不让冲突进入意识层面。在意识层面唤醒被压抑的记忆正是心理分析疗法的主要目标。

这些思想背后是由本我、超我和自我这个三元结构组成的人格。本我被认为是关系到本能驱动满足的深度潜意识领域。超我被认为是父母和社会力量监督或压制所促成，从本我中产生。最后是自我，在面对现实时介于本我和超我之间。自我大致上与意识知觉等同。心理分析面临的一个挑战是将被压抑而导致神经病的冲突引导到意识层面来 ——"哪里有本我,哪里就应当有自我"。

弗洛伊德提出梦反映了隐藏愿望的达成。与治疗中应用的自由联想方法一起,梦被认为是通往潜意识的"捷径"。人格结构形成、被压制的潜意识冲突以及其性欲理论,弗洛伊德构建的心理分析大厦对心理学、社会学和文学研究都有深远影响。然而,就像我曾指出的,这个理论无法通过一系列关键的科学验证。

弗洛伊德的理论,无论正确与否,都触及了对基于脑的认识论非常重要的问题。首先,它们非常重视符号象征。自我的防御机制为理解个体如何避开针对其自身观念的威胁提供了丰富的样本。此外,发现知识和经验能被压制表明,意识知识和信念知识仅仅是个人认知结构的一小部分。这个和启发性隐喻的巧妙运用解释了弗洛伊德的思想为何具有影响力。

即使我们认为弗洛伊德提出的理论不具有科学性,心理分析疗法也没有什么效果,有一点仍然成立。除开其他心理学实践,心理分析关注的核心是对象个体的历史、个体的个人叙述、信念以及思维的风格。

虽然这种尝试值得称赞,但它还是延续了我在考虑神经心理学和精神病时强调的问题:除了完整的大脑理论,反常状态的理论 —— 在这里是神经病学理论 —— 是否可能或必要?也许,所需的是在脑功能层面上对关系到意识、注意、潜意识脑区的无意识以及价值系统运作的神经机制进行分析？

我倾向于对后面这个问题给予正面回答。弗洛伊德的隐喻也许很吸引人，但是在身心交互的研究中揭示的结构和机制已使它们的基础不复存在。虽然心理分析恰当地关注了个体的历史，但是它试图用一个通用理论来解释历史的个体性、不可逆性和非线性。我们已经看到人类历史如何抵制一般化和还原的尝试。的确，个人历史不同于人类历史，因为具体的个人在现实世界中会有自己的经历。但是我们已经看到，这些都受到一系列必需的幻象支配。不仅如此，我们在神经心理病症中也看到，大脑通过补偿和虚构来应对缺陷。至少在这些情形中，不能把问题简单归为性心理扭曲。

不能认为我的意见是反对由弗洛伊德等先驱发展起来的心理疗法。考虑到我曾说过的个体发展历史的偶然性以及语言的模糊性，药物治疗等科学手段必须辅以人际沟通。

从对神经心理学、精神病学和神经病学的简要介绍中，我们可以看到，广泛的原因影响了不同层面的大脑结构。对于神经心理疾病，错觉是大脑区域严重受损导致的。对于精神错乱，遗传和药物会导致现实性测验的严重扭曲。

而对于神经疾病，思维、信念和价值系统响应的功能联系会导致行为紊乱。

这样就提出了选择系统的特异性和广度之间平衡的问题。早期思维主要是隐喻式的，因为其联想力很有用。但如果让高级意识中的隐喻和文化中的常规价值之间的张力释放出来，各种各样的情感状态就自然会出现，象征替代也会导致符号出现。如果神经达尔文主义是对的，那么即使处于正常状态，所有的感知也是某种程度的创造行为，而所有记忆也是某种程度的想象行为。这个程度在精神病时改变了，挑战是理解如何变和为什么变。

　　思想和思维过程又怎么样呢？这里我们可以注意一下实用主义的真正创立者皮尔斯（Charles Saunders Pierce）提出的思想。皮尔斯指出，感觉是立即呈现给我们，并持续直到消失。他注意到意识的其他要素，比如思维，也是有开始、中间和结束，覆盖一段过去和未来的行为。这符合我们的观点，即思维是反映大脑活动的主要成分，但并不是真正的运动。皮尔斯说，思维是"贯穿我们感觉的一段旋律"[10]。相反，信念则是我们意识到的缓解作为思维驱动力的困惑的东西。他说，信念是行为的规则，是既为思维提供测试场所同时也为下一步的思维提供新起点的惯例。

　　神经达尔文主义这样彻底的大脑理论的确立，将提供理解反常状态所需的一切，不管是思想还是信念。但是这还不够，如果我们要理解反常状态的起源和发展，就必须对所有层面的特定大脑机制了解更多，此外还有语言和高级意识。这个而不是人格的还原理论，才具有潜力达成对精神病理学的更充分掌握和基于大脑的认识论的更深入理解。

第 12 章
基于脑的装置——构造人工意识

这个世界上显然仅有一种物质，而人则是其终极表达。人与猴子以及那些最聪明动物的区别就好像惠更斯的行星机器与狐猴王朱利安的手表的区别。如果表现行星的运动比表现循环的时间需要更多的齿轮和发条；如果佛康森[1]制造机器比制造机器鸭子需要更多技巧，那么制造一个"对话者"所需的技术会更加复杂，而这样的机器，尤其是在新一代的普罗米修斯手中，必然会被认为不再是不可能的。

—— 拉美特利（Julien Offray de La Mettrie）

到目前为止，我们一直在关注精神生活的生物基础。通过假定我们已经初步理解了意识的大脑基础，我探究了这种理解对人类知识和经验的一些含义。当科学发现了基本原理或机制时，经常会发展出基于这些知识的工程应用。

沿着这个思路引出了我在第一章提出的大胆问题：是否有可能构造人工意识？在那一章我提到，人工意识的存在将会对我们的认识论观念产生重大影响。事实上，在我们对意识机制的理解所产生的一些

---

1. 佛康森（Jacques de Vaucanson），18世纪法国工程师，设计了世界上最古老的机械机器人和能游泳和吃食的机械鸭子。

后果中，人工意识将最具影响力。

如果以前的经验具有引导作用，我们就能对这个问题给予肯定的回答。我们不知道这种机器什么时候能制造出来，但是对于这项事业成功的可能性，我们能想到一些约束条件，并得出一些结论。我们必须考虑的约束与意识背后大脑的独特性有关。我们不能忽略大脑的一些基本特征。首先，我们不能忘记大脑是一个选择系统。第二，我们必须注意到大脑的嵌入性，大脑和身体紧密关联。此外，两者都位于真实世界之中，这一点对它们的动态行为有很大影响。第三，我们知道折返丘脑皮质核心具有涉及整合和区分状态的巨大复杂性。（统一场景需要动态核心的整合，而相继的核心状态相互可区分。）最后，还有一个涉及成分和结构的问题：人工意识必须和人类大脑具有相同的化学成分吗？

在思考一个人工系统必须如何满足前面提出的这些主要约束之前，让我先处理一下这个问题。认为人工系统必须由生物化学成分组成的观点，就是所谓的生物沙文主义。另一种极端观点认为"硬件"——大脑的化学成分——无关紧要，因为大脑就是一台计算机，可以像软件一样在虚拟的机器上运行，这可以称为极端自由主义。毋庸置疑，两个立场我都反对。相反，我认为，只要遵循前面列出的约束，产生意识的结构能嵌入任何足以满足它们功能要求的物质。中心思想是，人工物要想能够运作（无论是否具有意识），要模仿的是真正大脑的整体结构和动力学，而不是其材料。神经科学研究所设计和构造的一系列基于脑的装置已经满足了这一要求（这些装置被它们的发明者称为BBD，Brain-Based Devices）[1]。虽然还远远不能表现出意识行为，这些实实在在的装置已能在无需指导的情况下进行感知分类、学习和训练。它们甚至已开始表现出情景记忆——海马体的功能——从而让它们能在真实场景中自动定位和确定目标。

我会详细描述这些基于脑的装置，但是首先我想将它们的设计与以前的机器以及机器人进行比较，回顾一下人类使用机器和动物完成各种工作的尝试。回顾是为了明确这一点，在过去的这些尝试中，没有设计过具有意识的机器。另一方面，人类用来工作的动物却经常被认为具有意识。之所以这样认为，是因为这些动物具有通过训练习得的行为。

从建造金字塔的时代开始，人类就会使用简单的机器和动物。在天文观察等活动中还会使用探测用的机器。不管是探测还是行动，机器都是被设计或制造出来执行特定的功能或任务。除了使用杠杆和轮子，在更精巧的机器被发明出来之前，马和狗这两种动物也被训练用来运载和放牧（还有不那么常见的，牛和大象被用来拉车和负重）。在蒸汽机被用于铁路以及四冲程引擎被用于汽车之后，马就只偶尔用于运载了。

在通信设备发明之后，复杂机器的应用得到了极大发展——电报、电话、收音机和电视机。当然，还有固态物理学和微电子推动的数字计算机的发明引发的应用爆炸还在不断影响着我们的生活。

在某种意义上，人们可以认为计算机——可能是20世纪最有趣的发明——是机器的精髓。图灵证明可以构想一部通用图灵机，它能执行任何基于有效过程的计算序列，这是机器思想的精彩概括。

为何我们不能将图灵的理论应用于大脑呢？前面已经讨论过，在大脑的发展过程中发生了许多随机事件；这与图灵机的结构不符。此外，身体和大脑所面对的世界并不是那么明确（不符合算法序列或有效过程的要求）。大脑必须通过在大量的变动因素中来进行选择运作。因此，基于大脑的装置在真实世界中面对变动环境时必须基于选择来运作[2]。

我们可能会问，为什么我们还建造不出能在真实世界行动的机器人？机器人的定义是"具有可变形设计，用来操作或运输部件、工具或特定器具，以执行某种任务的可编程多功能设备"[3]。机器人从20世纪40年代到现在的发展成就斐然，涉及制造和控制的各种工业部门，这种设备在未来的发展也越来越受到关注。当然，最好是建造完全自动的机器人，能在环境中行动并执行一系列任务，包括与人交互，就像马和牧羊犬过去做到的那样。现在这个目标还未实现，虽然已有一些阶段性的成果。并且，这些设备在任何方面都不是基于大脑，当然也没有基于受选择原则驱动的神经生理。

那么根据这些原则建造机器的可能性有多大呢？对这个问题的尝试，促成了前面提到的基于脑的装置的建造。建造基于脑的装置的动机与了解大脑如何运作有关。显然这个问题的解决还要依赖于各种动物在真实而具有挑战性的环境中的行为实验。这样的实验导致了现代神经科学知识的大爆炸。但是还存在一个方法和道德上的局限：对于动物，我们无法同时（或顺序地）观测从分子到行为层面的所有大脑和身体事件。没有这种能力，就很难甚至不可能了解各层次的交互活动，而这对于理解复杂神经响应和行为的成因是必需的。但是，如果我们能建造基于脑的装置，它们的运作细节可以被观测到，我们就有可能洞察大脑各层次的事件以及它们与行为的交互作用。

这种可能性推动了神经科学研究所一个长达 12 年的课题，科学家和工程师一起建造了在真实世界中行动的机器，由结构和动力学都基于选择原则的仿真脑引导，在环境中自主行动。这个课题实现了一系列基于脑的装置；都以达尔文命名。为了解释它们的设计思想，我将介绍三个较新的装置的结构和性能：达尔文 7 号、达尔文 8 号和达尔文 10 号。（图 3 是达尔文 7 号的照片。[4]）

这些装置的脑是用强大的计算机阵列进行仿真。大脑响应通过无线传送到身体或被称作 NOMAD（神经协调移动适应机器，neurally organized mobile adaptive device）的行动装置"表型"。实际的表型是在具有轮子的平台上装配各种传感器，可以探索一个变化的环境。大多数 NOMAD 平台包括一个用于视觉的电荷耦合照相机，用于听觉的两个麦克风，能抓取有各种图样的积木的机械爪，有一些还装有触须状的凸起，可以区分不同粗糙度的表面。达尔文机行动的环境是 12 英尺宽，10~20 英尺长的封闭房间，地板黑色，顶上有灯光照明。在这种环境中，NOMAD 平台根据视觉、听觉和触觉信号自主移动。

仿真脑由明确的神经生理区域组成，各区域是基于例如哺乳动物的视觉皮质、下颞叶皮质、听觉皮质和躯体感觉皮质（图 1）。这些区域的神经单元是突触连接的，各单元之间连接权重的变化规则模拟突

图3　基于脑的装置达尔文7号自己学会了拾取和"品尝"条纹积木并避开球状纹积木。它具有一架用于视觉输入的电荷耦合照相机，用于听觉的两个麦克风耳朵，以及用来避免碰撞的一排红外传感器。图中正在抓取条纹积木的机械爪能感觉传导性（"品尝"）并拾取在移动中遇到的积木。它的仿真脑是基于脊椎动物的神经系统，通过选择而不是指令来运作

触强度的变化。另外，仿真生理回路还对真正大脑的价值系统进行了模拟。这些对于约束特定达尔文机的大脑对来自自身和环境信号的选择性响应很关键。

神经单元的响应是根据平均激活率模型进行的；在这个模型中，各单元表示大约100个神经元的群的整体响应。这些响应驱动马达输出，驱使达尔文机的试探或反应行为。我们来看看达尔文7号。

在训练之前，达尔文7号通过一系列试探活动在环境中行动。受视觉响应控制时，它会靠近顶部有横或直条纹或球状纹的积木。当靠得足够近时，基于脑的装置会试图用机械爪"品尝"近旁的积木。"味道"由实验者用低电导率和高电导率定义（机械爪能在接触时测量这个量）。低电导率会导致价值系统产生厌恶行为，而高电导率则产生偏好行为并促使机械爪拾取积木。

使用这些约束而不是指令，达尔文7号最初会既抓取"好"味道也抓取"坏"味道的积木。不过，很快它就只拾取"好的"条纹积木，而避开球状纹的"坏"味道的积木。如果球状纹积木发出低音，达尔文7号在接近时也会避开，而如果条纹积木发出高音，它还是会去"品尝"。

无论是原始的还是习得的条件反射，实验者都能完整记录达尔文7号神经系统的反应，包括25 000个神经元群和50万个突触。结果发现，不管装置的位置在哪里，模拟下颞叶皮质的区域的神经元群对于条纹积木的反应模式都相对不变。而在面对球状纹积木时，模式会变得不一样。这种不变性要在达尔文 7 号的个体有足够的实际行动和行为经验之后才会发展出来。初始状态相同个体会发展出各自独特的"下颞叶"模式。这些基于脑的装置的大脑，就像我们自身的选择性大脑一样，会发展出独特的活动模式，但是各个个体之间的行为响应仍然会趋于相似。

说完这些，我再简要描述一下达尔文 8 号和达尔文 10 号这两种基于脑的装置。达尔文 8 号与达尔文 7 号类似，但是其神经系统还有另外一个特性：折返连接。折返长程连接让它能在具有不同颜色和形状容易混淆的物体之间进行区分。如果一面墙边放相同尺寸的绿色方形物体和红色菱形物体，而在对面墙边放红色和绿色方形物体，通过在看到绿色方形物体的同时接收价值正面的听觉信号，它在两边都能选出绿色方形物体。它之所以能够进行区分，是因为折返连接能让它解决绑定问题——在缺乏执行区域的情况下，不同脑区如何同步和整合不同的功能。通过仿真脑下颞叶区选择神经元群的同步激发，它能将绿色和方形正确地联系起来。

达尔文 10 号具有另一个重要脑区——海马区——以及更多的神经元群和突触。群的数目达到 10 万，通过 250 万个突触相连。动物的海马区负责情景记忆——事件序列的长程记忆。它还负责动物（比如老鼠）根据环境中的线索确定方位的能力。举个例子，将老鼠放入莫里斯水迷宫会迫使老鼠在乳白色的水中游动，直到它最终找到一个隐藏平台可以不用再胡乱游泳。它的海马区让它可以记住周围墙上的视觉线索。下次不管被扔到池子的哪个地方，老鼠都能直接向隐藏平台游去。这是基于海马区中所谓的定位细胞的活动，以及海马区和脑皮质的一连串互动。

达尔文10号被置于相似的情形中，不过没有水。在黑色的地板上有一个反射率不同的黑圆。基于脑的装置看不到这个圆，但位于其上时可以通过红外传感器检测圆的反射率来发现它，同时大脑会接收到正面的信号。四面墙上有不同颜色和排列的条纹。在房中巡游后，达尔文10号记住了这些特征。根据遇到目标圆得到正面价值时的一些情景，它经常会直接向圆移动，不管最初的位置在哪里。事实上，装置的仿真海马区发展出了与老鼠这样的动物类似的方位细胞。

显然，基于脑的装置的表现让人鼓舞，虽然它们的发展还刚萌芽。在这里有必要明确这些装置的行为的几个特征。首先，它们不是前面定义的那种机器人。它们的行为不是根据固定的算法预先规划好的。当然它们的脑确实是用强大的计算机集群进行仿真，但是并没有预先给定目标方程，突触的初始连接强度也是随机的。这些装置的脑没有确定的程序，而是根据动物进化和发育过程中出现的神经生理结构和神经动力学模型来构造。此外，它们处于一个可以随意活动并对各种信号序列进行采样的环境中。不仅如此，虽然它们的"物种特异性"受到"遗传的"价值约束，价值却并不等同于类别概念。相反达尔文机根据它们在真实世界中的经验发展出了感知分类，它们在响应中也建立了适当的记忆系统。

基于脑的装置反驳了极端的沙文主义和自由主义。这些装置不是由生物化学成分构成。它们也不仅仅是在虚拟的机器上运行的程序。虽然它们不是活的，通过在回路结构上模仿动物的脑，它们却能进行条件判断、感知辨别和情景记忆。

这让我们回到了原先的问题：是否有可能构造人工意识？人工物要具有意识是否必须具有生命？生命系统可以被认为是能够自我复制，并服从自然选择。如果BBD（目前还远不具备意识系统的条件）能带来启发，那就是人工意识可能不必非得具有生命。有了配备传感器和驱动系统的躯体，还需要的就是对丘脑皮质和基底神经节系统交互的仿真，这个交互具有高度的复杂性。这样的复杂性目前还无法实现。

除了结构上的要求，要具有意识行为还有另外一个条件。这样的人工物必须具有真正的语言，既要有语法也要有语意。换句话说，它要具有高级意识。只有做到了这一点，能够自己向我们报告，我们验证大脑功能的实验才足以支撑人工物可能具有意识的结论。

目标目前仍然很遥远。但是，考虑一下这个问题会很有趣，如果某个人工物像具有意识的大脑一样具有了高度的区分能力，对于物理世界它会向我们报告一些什么呢？它的报告会与我们的物理学类似吗？或者，由于它的表型，它对世界的理解会不会与神经心理学障碍所表现的更接近？

不管结果怎样，如果这样的装置被发明出来了，研究一下它是否能构成一种组合机器 —— 感知图灵机 —— 将会很有趣[5]。这种组合将计算机这种语法机器的力量和人工物处理新奇而且不可计算的输入的语义能力结合到一起。

　　我认为人工意识在将来有可能实现。但是这个目标还很遥远。即使目标实现了，这种装置也不太可能会挑战我们的地位。因为大脑是嵌在躯体中的，我们也是被几乎无法复制或模仿的生境和文化所包围。人类的表型以其复杂度造成了我们独特的感质。模拟这种表型的可能性几乎为零。我们自身感知的精致感觉几乎无法替代。

　　有了这些限制，我们就可以绕开一个道德问题：如果一个人工物在积累经验后具备了意识，发展出了独特身份，人有没有权利将它的意识拿掉呢？这个问题 —— 当然现在还不用面对 —— 关系到人类知识本身的工具和道德价值。

第 13 章
习得——知识的改造

我的终点就是我的起点。

—— 艾略特（T . S . Eliot）

我们是自然的一部分，达尔文成功描述了我们融入其中的方式。即使科学提供的证据截然相反，我们还是经常以"天生"或"习得的"方式认识这个世界。这两种方式必须协调吗？极力推崇想象力和人文艺术的人可能会说"没必要"。极端科学还原论阵营里的人则会说归根结底所有的知识都是思维的产物，应当还原为基于脑科学的解释，也就是所谓的外遗传法则（epigenetic rule）。

我所追寻的路线显然与这些立场都不一样。通过审视我们精神生活的极致 —— 意识如何在进化的历程中出现，我希望能找到一个协调点。对意识的生物基础的审视，揭示了其是基于选择系统。这为理解现象体验的复杂性、不可逆性和历史偶然性提供了基础。这些影响我们认知方式的特性拒绝将艺术和道德这些我们精神生活的产物完全还原为科学描述。但这并不意味着在解释意识感质的来源时必须依赖于奇异的身体状态、二元论或泛精神论。我们所有的精神生活，无论是可还原的还是不可还原的，都是基于我们大脑的结构和动力学。

达尔文成功反驳了华莱士认为人类心智不可能通过自然选择进化出来的观点 [1]。事实上，我力图表明的是，一系列进化事件产生了折返连接的生理基础，并因此发展出了大量区别状态，也就是感质，人们称之为意识体验的特性。

折返式的丘脑皮质核的复杂特性所造成的方法上的局限，阻止不了我们研究神经与意识的关联。但是对这种关联进行研究的任何实验本身都无法为理解感质如何产生提供基础。这样的理解必须通过基于脑的认识论的逻辑和语言学分析来达到。

动态核心的神经连接结构的进化提供的适应性优势就是证据。这种神经连接结构的活动让动物能对大量内部和外部状态以及各种形态进行区分。感质作为一种区分与其他活动又不一样，因为它们来自完全不同的神经连接结构的整合交互。意识动物适应性响应的计划能力从而得到提高。虽然我们不像（通过经验和类似性）知道人类的感觉那样知道像蝙蝠这样的动物的感觉，我们却有理由推测蝙蝠的核心状态的区别感觉是各种回声占主导，就像人类以视觉作为主导一样。

一个关键问题涉及我们意识体验的有效性。将神经元活动与神奇的主观体验联系起来的问题通过因果分析解决。感质由核心神经元的活动状态生成，它们能产生出复杂整合状态，并转换到新的状态和意识场景。感质由神经状态决定，就好像血红蛋白的光谱由蛋白质结构决定——索雷特谱（Soret spectrum）由其分子结构决定。在大脑核心系统的情形中，即便其退化了，这种决定关系也很可靠。也就是说，其他所有的都一样，相同的核心状态不会产生出差别很大的感质。

感质本身不具有因果性，否则就会与物理定律相抵触。但也不一定非这样，只要我们称为C′的核心状态可靠并具有因果力。相应的感质 —— 可称之为C —— 虽不具因果力但表现有力。事实上，在目前，由于我们缺乏核心神经元巨量交互活动的完整细节，C就成了我们了解核心状态C′的唯一途径。我们无法将思维和意识状态还原为细胞或分子活动，以及当我们用"C语言"交流时涌现出的道德和美学等领域，不能理解为是因为存在一些绝对无法研究的领域。

有了这些观点，虽然一些主观意识体验无法被还原，我们还是能理解我们的习得之性如何从科学可以描述的基础上产生。虽然对世界的科学描述比我们的日常感觉更接近世界的真实结构，对大脑运作方式的研究却表明，科学假说本身也是从产生了模式识别的模糊（并且偶尔无法还原）特性中涌现出来的。导致了这些特性的大脑结构和动力学是可以被科学描述的，即便这些特性本身无法被完全还原。相似的考量也可应用到产生了艺术和道德的文化交流，其关系并不完全遵循严格的科学还原论。这种观点并没有限制我们的潜力。社会经验的创新应用、艺术的发展以及知识的扩展在任何方面都没有明显的界限。

总体来说，对于导致了这些活动的大脑事件，科学观测和理论能够加以描述。宏大的序列 —— 大爆炸、宇宙、星系、地球、生命起源、进化、哺乳动物大脑、原始人类、语言、伽利略科学、相对论和量子力学、现代神经科学、意识的神经基础 —— 也许最终能解释个体主观历史的背景。在这个序列中这些变化被依次包含，它们都是人类的产物。它们最终都来自于自然选择。这个宏大的观点完成了伽利略的跨越，并帮助完成了达尔文的计划。

这个来自基于脑的认识论的观点与蒯因的有何不同呢？我在本书开始的时候提到过，蒯因认为意识是一个谜，但将其正确地视为身体的特征。他驳斥了笛卡尔的科学确定性梦想，提出用我们的感知器官收到的外部世界信号的刺激将认识论自然化，而不是否定感觉本身。据此，他富有成效地提出哲学和逻辑分析可以与科学相联系。他将自己的观点局限在感觉器官，而没有关注精神生活本身，因为他感到将意向性引入科学理论会摧毁"如水晶般纯洁的外延性：即同一性的替代物"[2]。然而，在谈论这个立场时，他没有排斥对意向性问题的科学探索。我怀疑他认识到了他那个时代知识的局限性，如果他具有我们拥有的意识研究知识，他将会扩展他的领域。

幸亏有了现代神经科学，许多限制都被去除了。布伦塔诺（Franz Brentano）的意向性概念——意识状态一般是关于对象或事件——可以由扩展的神经达尔文主义解释[3]。意识被认为最初是作为感知分类和记忆系统交互作用的结果而产生。根据其本质，这种分类虽然是无意识的，却必然是关于对象和事件的。

我认为，在超越感知器官时，我们不必抛弃如水晶般的蒯因观点。相反，我们可以对其进行扩展，进入到被传统认识论排除在外的领域。我所采取的方法确实没有遵守一些人强调的心理学和认识论之间的明确界限。我发现这样有一个好处：用这种方法，我能很好地处理语言中逻辑的起源、富有想象的模式识别能力对数学的作用、科学经验主义的历史和思想源头以及各种类型的艺术和常规问题。这些问题之间的界限当然必须明确。但是我们将不再仅仅依赖于语言来考虑证明为真的信念的起源，毕竟语言牵涉到高级意识。本质上，认同基于脑的认识论就等于认同神经科学的经验数据同心理学一样，支撑了我们对人类知识的起源和本质的观点。

这个认同并不意味着基于脑的认识论就解决了一切，或是否定了传统认识论具有科学依据的常规功能。基于脑的方法的主要好处是其为真理的多元观点提供了科学的基础。与此同时，它还为我们如何获取知识提供了有用的约束。通过引入对意识的科学观点，它驳斥了认为自然主义削弱了主体地位的观点，那是对意识的错误认识。根据其对语言起源和文化的作用的立场，基于脑的观点的规范判断无疑超越了传统认识论的论证。它与认为认识论的主要作用是确保推理规范的观点一点也不矛盾[4]。

真理来源虽然各不相同，其本身却是规范的，因而值得关注[5]。确立真理需要许多不同的方法和方法论。这无法直接追溯到大脑生理的进化[6]。本书的一个要点就是，虽然我们必须承认进化和神经元群选择机制提供了获取知识的基础和约束，却是历史、社会文化和语言因素设定了真理的规范准则[7]。关键是这些准则可以通过这些方法以自然化的方式建立。

通过用科学的语言分析意识，神经达尔文主义驳斥了笛卡尔基础主义和二元论。只要认识到物理学和生物学在人类经验中都有其历史源头，就能让它们共存。用一句话描述一下经验与科学的关系也许有用。随着人类的进化以及文化的协同进化，发展实验和理论物理学成为可能，很明显最初是由伽利略的工作引发的。然后科学观测者和实验人员发展了让普遍规律形式化的描述方式。必须强调这些描述并不是其所描述的事件本身。虽然具有科学提供的预测和创造能力，它却并不是对世界进行复制。

此外，在达尔文之后，当对大脑和意识进行全面科学研究变得可能时，一个类似的限制显现出来：科学描述不等于体验。当然，对意识的描述能以物理学无法单独做到的方式帮助我们理解体验。然而，在对经验本身的基础进行描述时，认识到经验的优先性还是很重要。

一旦高级意识和语言相互作用并与思维、情感、记忆和经验联系起来，区分组合的数量就会爆炸式增长。我们进入到了数学洞察的确定性和《仲夏夜之梦》的幻想这类思维的门槛。我们的习性中看似最具真理的部分往往正是必须建立新真理的部分。当然这些还不够。建立各种真理时必须应用各种各样的原则。关键是真理不是天生的，它必须通过个人努力和人际交互影响才能得到。毫不奇怪这种交互的丰富性正是由大脑中折返连接交互作用的联系和冗余提供的。

在我们对世界事件以及意识的科学描述中，如果我们没有复现事件或经验，那个体的经验是否又算是知识的一种形式呢？根据高级意识的覆盖范围，虽然感质有主观性，我们还是必须承认感质事实上是知识的另一种形式。如果将模式识别、隐喻和复杂性的各种可能也包括进来，这些知识就超出了可证真信念的形式。

如果再加上语言游戏，我们就必须限定知识和真理之间的联系。根据这个观点，知识和真理不是一回事。如果采取这种立场，就得承认个人创造性经验甚至精神病变也属于知识。当然在欣赏艺术时交流的经验也是。我承认，当想到通过主体间交流涌现出来的真理的各种方面时，我们倾向于否定这样宽泛的观点，或者至少对其进行限制。但既然真理是由知识的各种形式产生，我们就必须至少认可这种不严格观点的某些方面。

还有一个相关的问题。假设某人完全知道自己大脑的运作细节。我们能期望这个人放弃信念、期望和意向这些对他人的命题态度（propositional attitude）吗？我认为不能。但是对大脑运作的了解，也许至少会让那个人能有拒斥荒谬假设和伪善的能力。

现在我们可以通过简要总结基于脑的认识论的前提来进一步阐明这个问题。一个关键问题与艾耶尔（A. J. Ayer）提出的问题有关：感知系统如何会发展并成为信念的基础？[8] 我把这个问题改了一下，在"感知系统"后面加上"以及对意识的考量"这几个字。艾耶尔还说过知道就是会做。这个实用主义观点没错，但还必须修正一下，以涵盖比如情绪知识等不涉及行为的问题。我们来看看基于脑的认识论的前提会有怎样的答案。

首先，基于脑的认识论以物理学和进化生物学作为其主张的基本平台。因此，它排斥理想主义、二元论、泛精神论和任何不是根据大脑结构提出的心智观点。基于脑的认识论认为我们的知识既不是体验的直接复制也不是记忆状态的直接转移。但是它与以语言和经验为基础的逻辑系统的构造完全相容，与研究稳定的思维对象的数学也相容。

现代物理科学的认识论不涉及这些问题，这让人意外，但也许并不让人吃惊。与此相对，基于脑的认识论没有回避感知器，不管是历史还是创造性，感知器都位于物理科学之前。我们的确能用科学手段解释感知器的进化起源。但神经达尔文主义和自然选择仅仅提供了影响我们知识和行为的一系列具体历史和文化事件基础。当然，任何接受神经达尔文主义和这里探究的观念的人都将会发现，很难完全接受进化认识论的看法和进化心理学的思想，因为两者都过度还原。

我们没有采纳思维语言（language of thought）。相反，概念是从大脑本身的感知映射匹配发展出来的，从而概念最终是关于世界的。思维本身是基于运动区的活动产生的大脑事件，这些活动没有被表示为行动。脑干这样的子皮质结构对于确保大脑事件序列产生出某种前语法很关键，这是基于脑的认识论的前提。因此，思维能在没有语言的情况下产生。思维最初依赖于隐喻方式，语言学家拉克夫（George Lakoff）、哲学家约翰逊（Mark Johnson）称之为意象图式（image schemata）[9]。这种隐喻活动受到大脑中冗余回路连接能力的有力支撑。当然，获得语言之后，这种能力得到了极大提升。不管怎样，具有了模式识别、填充和完形等能力的大脑，就像布鲁纳（Jerome Bruner）指出的那样，得出的远远超越了被给予的信息[10]。

根据基于脑的认识论，逻辑和一定程度上数学的成就都依赖于高级意识，而高级意识本身的充分表现则有赖于真正的语言的获得。基于脑的认识论认为，在直立行走、声带、基底神经节用于运动的前语法和更大的大脑皮质进化出来之后，语言就出现了。这个理论不认为存在遗传的语言器官。相反，它认为语言的获得是后天形成的。语言的获得和传播会让具有语言的人种明显比不具有语言的人种更有优势，虽然通用语法是否能够直接遗传还存在争议。当然，使用语言的人种的语言能力促进了其学习能力，从而在自然选择中更占优势。

那具有语言能力的个人的"世界"是怎样的呢？什么是客观的？什么又是主观的？基于脑的认识论拒绝理想主义，而接受一种受限的实在论立场[11]。这种实在论因承认我们表型的局限而受到限制。受限于进化的身体特征以及选择性的大脑，显然只允许对世界事件进行有限的采样，而事件的数量是无穷的。我们已经考虑到选择性大脑的变化在某种程度上独立于修改特定神经元群突触强度的实际选择性事件。在正常大脑的运作中，不存在绝对正确或绝对错误的精神状态。我们甚至还会有现象状态的错误——有内容却没有对象的幻觉。此外，我们也讨论了大脑活动具有寻找完整性的倾向，会进行填充完形，有必要时甚至进行虚构。不仅如此，我们还具有某种必要的幻觉。一个例子就是我所说的赫拉克利特幻觉——认为时间是一个点从过去到现在再到未来的运动。但事实上，过去和未来都只是概念，而只有记忆的当下可以联系到爱因斯坦时空的实际事件。

所有这些特征的背后是大脑折返丘脑皮质系统或动态核心的活动，其复杂的整合神经模式导致了意识。加上潜意识系统的活动，从而产生出学习、记忆和行为。将精神活动等同于意识的行为主义被基于脑的认识论完全摈弃。这并不意味着潜意识大脑系统就不具有与动态核心交互并对其进行影响的结构和动态行为。在这点上，弗洛伊德的行为的潜意识来源的观点是有远见的[12]。事实上，皮质中子皮质系统与记忆系统的丰富互动产生出了局部世界事件，而如果像我们这样的意识系统没有进化出来，这一切将肯定不会发生。

从高级意识的神经基质中涌现出来的是艺术创造、伦理系统和将我们置于万物之中的科学世界观。这个观点提供了可验证真理的来源，让我们能将大脑作为理解所有真理形式的必需器官来加以研究。不管怎样，基于脑的认识论摈弃了认为艺术和伦理可以被还原为大脑活动的一系列外遗传法则的观点[13]。

科学还原论不能穷尽一切并不是一个损失。我在前面说过，科学是由可验证真理支撑的想象。当然，它的终极力量在于理解，并且就如我们看到的，它在技术上的成就让人震惊。但是科学想象力的大脑源头与诗、音乐或伦理体系的建立所必需的没有区别。由于神经达尔文主义的模型承认人类思维的历史性和创造性的一面，因此，在科学和人文之间的背离是没有必要的。

科学产生自各种文化事件，并且总体上也没有必要推动或预测这样的事件。但是虽然科学理论必然会证据不足，它仍然是我们所能得到的最好的。它为我们提供了世界和我们本身以及我们得以了解这些的结构性条件。我们能满怀信心地期望对意识的最新研究分析会进一步揭示我们的习性的起源和局限，正如它拓展和改变了我们对人类知识的看法。

注释

引子

[1]　H．Adams，*The Education of Henry Adams*，第25章，379。

[2]　Quine，*Ontological Relativity and Other Essays*，第3章。

[3]　Quine，*Quiddities*，132–133。

[4]　James，"Does Consciousness Exist?"

第1章

[1]　Whitehead，*Science and the Modern World*，2.

[2]　Darwin，*On the Origin of Species*.

[3]　Mayr的*Growth of Biological Thought*对此进行了精彩阐述。

[4]　Descartes，"Discourse on the Method"和"Meditations on First Philosophy".

[5]　Schrodinger，*Mind and Matter*.

[6]　Heil的*Philosophy of Mind*对所有这些有很好的评述。

[7]　自然选择理论的发现者之一Alfred Wallace于1869年在信中向达尔文阐述的观点对达尔文来说是异端思想。华莱士断言人类的思维和大脑不可能是自然选择产生的，因为原始人的大脑与英国人的一样大，而原始人却不会抽象思维。达尔文回信说："我希望你还没有将你我的孩子彻底抹杀。"见Kottler的"Charles Darwin and Alfred Russel Wallace"。对这个问题的精彩评述，见Richards的*Darwin and the Emergence of Evolutionary Theories of Mind and Behavior*。

[8]　Edelman，*Bright Air，Brilliant Fire*，188.

第2章

[1]　Edelman，Neural Darwinism．也可以参考我在*Neuron*上的文章 "Neural Darwinism"。两者都是Edelman和 Mountcastle的*The Mindful Brain*中提出的理论的扩展。所有这些都是进展艰难的学术研究，阐述的关于大脑功能的完整理论，这些年来受到了越来越多的支持。下面关于意识在书中有简要介绍。

[2]　Edelman的*Wider Than the Sky*中有简要介绍。更详细的讨论见 Edelman的*The Remembered Present*以 及Edelman和Tononi的*A Universe of Consciousness*。

[3]　较早的阐释见Reeke和Edelman的*Real Brains and Artificial Intelligence*。也可参考Searle的*Minds，Brains，and Science*。更深入的讨论可以见我的书*Bright Air，Brilliant Fire*，211页。

第3章

[1]　Mayr 的*The Growth of Biological Thought*给出了优秀的科普阐释。

[2]　对无性选择理论和免疫系统的简要阐释见Edelman的*Bright Air，Brilliant Fire* 第8章，"The Sciences of Recognition"。

[3]　Edelman，*Neural Darwinism*；Edelman，*Wider Than the Sky*。

[4]　这个概念是神经群选择理论中最具挑战性的。Edelman的*Wider Than the Sky*对此有简要阐释。

[5]　对多巴胺奖赏系统的学术综述见Unglass的"Dopamine"。

[6]　见Edelman，*Neural Darwinism*；Edelman，*Bright Air，Brilliant Fire*；Edelman，*The Remembered Present*。

[7]　我在多本书中讨论了这个重要的生物学概念。Edelman和Gally 的"Degeneracy and Complexity in Biological Systems"对其有简明而深入的阐释。

第 4 章

[1] 神经达尔文主义或神经元群选择理论展开在3本书中有详细阐释：Edelman，*The Remembered Present*；Edelman，*Wider Than the Sky*；Edelman 和 Tononi，*A Universe of Consciousness*。

[2] 感质正是动态核心产生的辨识能力，这使得适应能力得到提升，在 Edelman 的 "Naturalizing Consciousness" 中对此有简要总结。

[3] 对这个问题的讨论见我的文章 "Naturalizing Consciousness" 和我的书 *Wider Than the Sky* 第7章；对意识的科学研究的简要回顾见 Dalton 和 Baars 的 *Consciousness Regained*。

[4] Freud，*On Dreams*.

第 5 章

[1] 见 Dancy 和 Sosa 编辑的 *A Companion to Epistemology*。

[2] Wittgenstein，*Philosophical Investigations*.

[3] 柏拉图认为我们确实拥有知识，如果是这样，则必然存在知识指向的感觉不到的形态。这些形态是唯一真正的事物。我们感知的对象是这些事物的复制，不是真的。柏拉图在他的对话录 *Meno* 中声称一个不识字的奴隶在苏格拉底教他之前就知道勾股定理。这种先天论与本质主义有关联，见 Plato 的 *Meno*。

[4] Descartes，*The Philosophical Writings of Descartes*，Cottingham，Stoothoff 和 Murdoch 翻译。

[5] Rorty，*Philosophy and the Mirror of Nature*；Taylor，"Overcoming Epistemology"1。对认识论的困境更详尽的阐述见 Searle 的 "The Future of Philosophy"。

[6] Quine，"Epistemology Naturalized" 收录在 *Ontological Relativity and Other Essays*，69-90。

[7] Piaget，*Genetic Epistemology*。也见 Piaget 的 *Biology and Knowledge*。我给出的从 Quine 开始的例子只是部分，不代表全部。对自然主义各种形式的全面阐述见 Kitcher 的 "The Naturalists Return"。

[8] 见比如说 Messerly 的 *Piaget's Conception of Evolution*。这本书描述了但没有有力地批评 Piaget 的生物学。

[9] Bishop 和 Trout，*Epistemology and the Psychology of Human Judgment*。

[10] 见 Campbell 的 "Evolutionary Epistemology"。更详尽的阐述见 Callebaut 和 Pinxten 编辑的 *Evolutionary Epistemology*。

[11] Dawkins，*The Selfish Gene.*

[12] 见 Cosmides 和 Tooby 的 "From Evolution to Behavior"。

[13] Lewontin，"Sociobiology — A Caricature of Darwinism"；Gould，*The Mismeasure of Man*；Caplan 编辑，*The Sociobiology Debate*。

第 6 章

[1] Boyd 和 Richerson，*The Origin and Evolution of Cultures*。

[2] Merzenich，Nelson，Stryker，Schoppman 和 Zook，"Somatosensory Cortical Map Changes Following Digit Manipulation in Adult Monkeys"。

[3] 对身体名词隐喻的大量分析，见 Lakoff 的 *Women，Fire，and Dangerous Things*。另一相关阐述是 Johnson 的 *The Body in the Mind*。综述以及对心理学的强调见博学的精神病学家 Modell 写的 *Imagination and the Meaningful Brain*。

[4] 这方面的杰出代表是 Noam Chomsky。见他的经典著作 *Cartesian Linguistics*。他更近的思想在 *Some Concepts and Consequences*

of the Theory of Government and Binding and Language and Thought
一书中进行了概括。

[5] Tarski，"The Concept of Truth in Formalized Languages".

[6] 全部讨论并非没有争议。最近就有两篇文章持相反意见，见
Lemer，Izard和Dehaene，"Exact and Approximate Arithmetic
in an Amazonian Indigene Group"；Gordon，"Numerical
Cognition without Words"。还有一篇分析文章，Gelman和Gallistiel，
"Language and the Origin of Numerical Concepts"。

[7] Carey，"Bootstrapping and the Origin of Concepts"。更全面的背
景见Dehaene的 *The Number Sense*。

[8] 还有一句大概是翻译的名言："上帝创造了整数，剩下的都是人
的工作。"见Bell，*Men of Mathematics*，477。

[9] Edelman和Gally，"Degeneracy and Complexity in Biological
Systems"。

[10] 这个思想来自休谟。Moore在 *Principia Ethica* 中指出了自然主义
的缺陷。

[11] 我用词"习得之性（second nature）"表示我们的感知体验、记
忆和态度的总体。与这个词最接近的也许是常识的概念，来自
日常经验而不是科学知识。不要将这个用法与哲学家塞拉斯
（Wilfred Sellars）提出的直观图景（Manifest Image）与科学图景
（Scientific Image）之间的区别搞混了。直观图景是人的常识体
系，但也包括归纳科学。科学图景则表示理论科学的推定对象，
比如原子、分子和微观物理。因此，两种图景都涉及科学知识。
塞拉斯所作的区分针对哲学家。我的用法只是想将我们的日常印
象和结论与透过科学研究得到的结论进行对比。参见塞拉斯的
"Philosophy and the Scientific Image of Man"。对于我心目中的习

得之性和本性的对比，见Eddington的 *The Nature of the Physical World*，ix-xii。这位天才天文学家比较了他面前的桌子——"外部特性、精神想象和承袭的偏见的奇怪组合"——与对桌子的科学描述，"大部分是充斥着高速电荷的虚空"。

[12] Boyd 和 Richerson，*The Origin and Evolution of Cultures*。

[13] Huxley，"On the Method of Zadig"。在这篇基于谈话的文章中，Huxley指出"预言"不必是针对未来，相反，就像伏尔泰在小说 *Zadig* 中说的，它可以是根据现在的证据得到的对过去的洞察。

第 7 章

[1] G．Sarton，*Appreciation of Ancient and Medieval Science during the Renaissance*.

[2] Vico，*The New Science of Giambattista Vico*；Berlin，*Vico and Herder*.

[3] Berlin，"The Divorce between the Sciences and the Humanities"，326.

[4] Dilthey，*Philosophy of Existence*.

[5] Vico，*The New Science of Giambattista Vico*；Berlin，*Vico and Herder：Two Studies in the History of Ideas*.

[6] James，"Does Consciousness Exist？"

[7] Whitehead，Modes of Thought.

[8] Snow，*The Two Cultures and Scientific Revolution*.

[9] Schrodinger, *Mind and Matter.*

[10] Watson, *Behaviorism*; Skinner, *About Behaviorism.*

[11] Churchland, *The Engine of Reason.*

[12] 纽拉特是维也纳小组的重要成员，后来支持科学统一运动（Unity Of Science movement），并出版了《统一科学百科全书》（*Encyclopedia of Unified Science*）。 见"Sociology and Physicalism, Erkenntnis 2（1931~1932）"和"Protocol Sentences（1932~1933）"，收录在Ayer编辑的 *Logical Positivism*。

[13] Weinberg, *Dreams of a Final Theory*。Laughlin和Pines在"The Theory of Everything"中反对了TOE的想法。Laughlin在A *Different Universe* 中对极端还原论进行了深刻反驳。

[14] Wilson, *Consilience*。Stephen Jay Gould在 *The Hedgehog, the Fox, and the Magister's Pox* 中对Wilson的观点进行了激烈批评。特别见第九章"The False Path of Reductionism and the Consilience of Equal Regard"。

[15] Wilson, *Consilience*, 11.

第8章

[1] Berlin, "The Concept of Scientific History".

[2] Hempel, *Aspects of Scientific Explanation and Other Essays in the Philosophy of Science.*

[3] 这些都是所谓的命题态度（propositional attitude），含有命题内容以及针对它们的态度的思维状态，包括信念、欲望、意图、愿望、害怕、怀疑和希望。

[4] B．Adams，*The Law of Civilization and Decay*。

[5] Spengler，*The Decline of the West*；Toynbee，*A Study of History*。这两本以及亚当斯的书可以被看作元历史学，观点犀利，影响甚广。

[6] Gaddis，*The Landscape of History*。

[7] See Edelman，*Wider Than the Sky*，147–148。

[8] Lakoff，*Women，Fire，and Dangerous Things*。

[9] Wilson，*Consilience*；Gould，*The Hedgehog，the Fox，and the Magister's Pox*。

[10] D. A. Hume，*Treatise of Human Nature*；Moore，*Principia Ethica*。

[11] 哲学家史卓尔（Avrum Stroll）强烈主张存在"即使在原则上"科学也不能回答的问题。见Stroll，*Did My Genes Make Me Do It？*

[12] Quine，*Ontological Relativity and Other Essays*；Edelman，*Wider Than the Sky*。

第 9 章

[1] Van 't Hoff，*Imagination in Science*。

[2] 对意向性的深入探讨见Searle的*Consciousness and Language*。

[3] Quine，*Word and Object*。

[4] 副现象论有时被认为与二元论相近，视为令人反感的怪异学说。但是血红蛋白的分子结构产生的颜色（更严格地说是光谱）不需

要这样的学说来解释。光谱不具因果力，但是当氧被俘获时会导致颜色改变。

[5]　对意识具有各种幻象特性的阐释，见Wegener，*The Illusion of Conscious Will*。

[6]　　Damasio，*The Feeling of What Happens*。

第 10 章

[1]　Edelman，*Bright Air，Brilliant Fire*，第8章。

[2]　这句话是福斯特的小说*Howard's End*（1910）中的一个人物说的，具体位置我不记得了，不过确实是他说的。

[3]　这种思维的本质运动性的观点与已知的额叶和顶叶皮质与基底神经节——涉及运动程序的子皮质区——的互动相一致；见图1。基本的观念是所有运动性的思维不会必然表现为行为动作。

[4]　Kanizsa，*Organization in Vision*。

第 11 章

[1]　虽然如此，在诊断各种神经性疾病的症状时还是有许多微妙之处。看一看*Diagnostic and Statistical Manual of Mental Disorders：DSM-IV-TR*，就能明显感觉到这一点。

[2]　　Freud，*Standard Edition*。

[3]　对于海克尔的生物遗传律的被否定见S．J．Gould，*Ontogeny and Phylogeny*。

[4]　关于神经心理学症状的两本相对非专业的书籍是Feinberg的*Altered Egos*和Hirstein的*Brain Fiction*。Hirstein关注导致虚构症

的病，这个问题显然关系到我们如何知道以及如何知道我们知道。神经学家Oliver Sacks对神经心理疾病对生存和认知模式的影响有深入论述。他的论述精彩地描述了神经系统的改变反映到行为上的方式。见 *The Man Who Mistook His Wife for a Hat*。

[5] Sperry，" Some Effects of Disconnecting the Cerebral Hemispheres "。

[6] 见Feinberg，*Altered Egos*；Hirstein，*Brain Fiction*。

[7] 见Hirstein，*Brain Fiction*。

[8] 不再引用精神病和神经病方面的课本。*DSM-IV-TR* 的部分章节给出了详细阐述。

[9] 见Wollheim，*Freud*。

[10] 引言见Curtis和Greenslet编辑的 *The Practical Cogitator*，31–35.

第12章

[1] Krichmar和Edelman，" Brain-Based Devices for the Study of Nervous Systems and the Development of Intelligent Machines "。

[2] Turing，" On Computable Numbers，with an Application to the Entscheidungs Problem "。

[3] Hunt，*Understanding Robotics*，7。

[4] 在Krichmar和Edelman写的 " Brain-Based Devices " 中没有详细描述达尔文7号。它与达尔文8号很像，但是在大脑中没有折返连接结构。在Krichmar 和Edelman写的 " Machine Psychology " 中有细节描述。更新的总结有Krichmar、Nitz、Gally和Edelman合写的 " Characterizing Functional Hippocampal Pathways in a Brain-

based Device as It Solves a Spatial Memory Task "。

[5] 这样的感知图灵机将结合与BBD类似的感知和学习能力以及计算机的知识库和计算能力。感知"机器"将处理新奇事物，本质是不可编程的，要避免与计算机部分混淆。同时感知机器还将通过犯错误以得到学习。机器中两个部分的相互通信将导致计算和模式识别能力的极大提升。

第 13 章

[1] 达尔文与华莱士的通信见Kottler，"Charles Darwin and Alfred Russel Wallace"。

[2] Quine，*Pursuit of Truth*，71。

[3] 布伦塔诺扩展了意向性概念，用来区分心理与物理。对这个概念的现代说明，见Searle的文集*Consciousness and Language*。后来布伦塔诺成为明确的二元论者。布伦塔诺重要的早期著作是*Psychology from an Empirical Standpoint*。

[4] Bishop和Trout，*Epistemology and the Psychology of Human Judgment*。

[5] Blackburn，*Truth*：*A Guide*；Lynch，*True to Life*。

[6] Changeux，*The Physiology of Truth*。这本书用神经达尔文主义的一个版本和折返理论来说明进化选择提供了真理的基础——真理生理学。但这个观点没有认识到对真理的搜寻用Stephen Jay Gould的话来说是联适应（exaptation）。意识的选择也许能带来计划能力的适应优势，但并不保证真理。认为存在真理生理学的观点，即便是隐喻性的，也是不成立的。波普尔关于知识如何进化的模型假说也是不可信的，因为有不理性行为的证据。认识论引导的一个可能是毕晓普和特劳特建议的推理能力的实用主义观点。对于我们的大脑没有直接进化出获取真理知识的

有力论证，见Kitcher的"The Naturalists Return"和Stich的 *The Fragmentation of Reason*。

[7]　Goldman, *Knowledge in a Social World*。同见Kitcher的 *The Advances of Science*。

[8]　Ayer, *Philosophy in the Twentieth Century*。

[9]　Lakoff, *Women*, *Fire*, *and Dangerous Things*; Johnson, *The Body in the Mind*。

[10]　Bruner, *Going beyond the Information Given*。

[11]　Edelman, *The Remembered Present*。

[12]　Wollheim, *Freud*。

[13]　Gould, *The Hedgehog*, *the Fox*, *and the Magister's Pox*。

参考文献

Adams，B. *The Law of Civilization and Decay*：*An Essay on History*．New York：Macmillan，1896. Reprint ed.，New York：Gordon，1943．

-

Adams，H. *The Education of Henry Adams*. Boston：Houghton Mifflin，1973.

-

Ayer，A. J.，ed. *Logical Positivism*. New York：Free Press，1959.

-

——. *Philosophy in the Twentieth Century*. East Hanover，NJ：Vintage Books，1984.

-

Bell，E. T. *Men of Mathematics*：*The Lives and Achievements of the Great Mathematicians from Zeno to Poincaré*. New York：Simon and Schuster，1986.

-

Berlin，I. "The Concept of Scientific History. " In Berlin，*The Proper Study of Mankind*：*An Anthology of Essays*，17–58. New York：Farrar，Straus and Giroux，1997.

-

——. "The Divorce between the Sciences and the Humanities. " In Berlin，*The Proper Study of Mankind*，320–358. New York：Farrar，Straus，and Giroux，1997.

-

——. *Vico and Herder*：*Two Studies in the History of Ideas*. New York：Viking，1976.

-

Bishop，M. A.，and J. D. Trout. *Epistemology and the Psychology of Human Judgment*. New York：Oxford University Press，2005.

-

Blackburn，S. *Truth*：*A Guide*. New York：Oxford University Press，2005.

-

Boyd，R.，and P. J. Richerson. *The Origin and Evolution of Cultures*. New York：Oxford University Press，2005.

-

Brentano，F. *Psychology from an Empirical Standpoint*. 2nd ed. Trans. A. C. Rancurello，D. B. Terrell，and L. L. McAlister. London：Routledge，1995.

-

Bruner，J. *Going beyond the Information Given*. New York：Norton，1993.

-

Callebaut，W.，and R. Pinxten，eds. *Evolutionary Epistemology*：*A Multiparadigm Program. Synthese* Library，190. Dordrecht：Reidel，1987.

Campbell, D. T. "Evolutionary Epistemology." In P. A. Schlipp, ed., *The Philosophy of Karl Popper*, 412–463. La Salle, IL: Open Court, 1974.

-

Caplan, A. L., ed. *The Sociobiology Debate*. New York: Harper and Row, 1978.

-

Carey, S. "Bootstrapping and the Origin of Concepts." Daedalus 133 (2004): 59–68.

-

Changeux, J. P. *The Physiology of Truth: Neuroscience and Human Knowledge*. Trans. M. B. DeBevoise. Cambridge, MA: Belknap Press of Harvard University Press, 2004.

-

Chomsky, N. *Cartesian Linguistics*. New York: Harper and Row, 1966.

-

——. Language and Thought. Wakefield, RI: Moyer Bell, 1993.

-

——. *Some Concepts and Consequences of the Theory of Government and Binding*. Cambridge, MA: MIT Press, 1982.

-

Churchland, P. *The Engine of Reason*, *the Seat of the Soul: Philosophical Journey into the Brain*. Cambridge, MA: MIT Press, 1996.

-

Cosmides, L., and J. Tooby. "From Evolution to Behavior: Evolutionary Psychology as the Missing Link." In J. Dupré, ed., *The Latest on the Best: Essays on Evolution and Optimality*, 277–306. Cambridge, MA: MIT Press, 1987.

-

Curtis, C. P., Jr., and F. Greenslet, eds. The *Practical Cogitator; or, The Thinker's Anthology*. Boston: Houghton Mifflin, 1962.

-

Dalton, T. C., and B. J. Baars. "Consciousness Regained: The Scientific Restoration of Mind and Brain." In Dalton and R. B. Evans, eds., *The Life Cycle of Psychological Ideas*, 203–247. New York: Kluwer Academic/Plenum, 2004.

-

Damasio, A. R. *The Feeling of What Happens*. New York: Harcourt Brace, 1999.

-

Dancy, J., and E. Sosa, eds. *A Companion to Epistemology*. Oxford: Blackwell, 1992.

-

Darwin, C. *On the Origin of Species by Means of Natural Selection*, *or the Preservation of Favored Races in the Struggle for Life*. London: John Murray, 1859.

-

Dawkins, R. *The Selfish Gene*. New York: Oxford University Press, 1976.

-

Dehaene, S. *The Number Sense*. Oxford: Oxford University Press, 1997.

Descartes, R. "Discourse on the Method." In *The Philosophical Writings of Descartes*, trans. J. Cottingham, R. Stoothoff, and D. Murdoch, vol. 1, 109–176. Cambridge: Cambridge University Press, 1984.

———. "Meditations on First Philosophy." In *The Philosophical Writings of Descartes*, trans. J. Cottingham, R. Stoothoff, and D. Murdoch, vol. 2, 1–49. Cambridge: Cambridge University Press, 1984.

Diagnostic and Statistical Manual of Mental Disorders: DSM-IV-TR. 4th ed., text revision. Washington, DC: American Psychiatric Association, 2000.

Dilthey, Wilhelm. *Philosophy of Existence: Introduction to Weltanschauungslehre*. Trans. W. Kluback and M. Weinbaum. New York: Bookman, 1957.

Eddington, A. S. *The Nature of the Physical World*. Cambridge: Cambridge University Press, 1929.

Edelman, G. M. *Bright Air, Brilliant Fire: On the Matter of the Mind*. New York: Basic Books, 1992.

———. "Naturalizing Consciousness: A Theoretical Framework." *Proceedings of the National Academy of Sciences USA 100* (2003): 5520–5524.

———. *Neural Darwinism: The Theory of Neuronal Group Selection*. New York: Basic Books, 1987.

———. *The Remembered Present: A Biological Theory of Consciousness*. New York: Basic Books, 1989.

———. *Wider Than the Sky: The Phenomenal Gift of Consciousness*. New Haven and London: Yale University Press, 2004.

———, and J. A. Gally. "Degeneracy and Complexity in Biological Systems." *Proceedings of the National Academy of Sciences USA 98* (2001): 13763–13768.

———, and V. B. Mountcastle. *The Mindful Brain: Cortical Organization and the Group-Selective Theory of Higher Brain Function*. Cambridge, MA: MIT Press, 1978.

———, and G. Tononi. *A Universe of Consciousness: How Matter Becomes Imagination*. New York: Basic Books, 2000.

Feinberg, T. E. *Altered Egos*: *How the Brain Creates the Self*. New York: Oxford University Press, 2001.

-

Freud, S. *On Dreams*. Ed. J. Strachey. Reprint ed., New York: Norton, 1963.

-

——. *The Standard Edition of the Complete Psychological Works of Sigmund Freud*. 24 vols. Trans. J. Strachey in collaboration with A. Freud, assisted by A. Strachey and A. Tyson. London: Hogarth Press and Institute of Psychoanalysis, 1975.

-

Gaddis, J. L. *The Landscape of History*: *How Historians Map the Past*. New York: Oxford University Press, 2002.

-

Gelman, R., and C. R. Gallistiel. "Language and the Origin of Numerical Concepts." *Science* 306（2004）: 441-443.

-

Goldman, A. I. *Knowledge in a Social World*. Oxford: Clarendon Press, 1999.

-

Gordon, P. "Numerical Cognition without Words: Evidence from Amazonia." *Science* 306（2004）: 496-499.

-

Gould, S. J. *The Hedgehog*, *The Fox*, *and the Magister's Pox*: *Minding the Gap between Science and the Humanities*. New York: Harmony Books, 2003.

-

——. *The Mismeasure of Man*. New York: W. W. Norton, 1981.

-

——. *Ontogeny and Phylogeny*. Cambridge, MA: Belknap Press of Harvard University Press, 1977.

-

Heil, J. *Philosophy of Mind*: *A Guide and Anthology*. Oxford: Oxford University Press, 2004.

-

Hempel, C. G. *Aspects of Scientific Explanation and Other Essays in the Philosophy of Science*. New York: Free Press, 1965.

-

Hirstein, W. *Brain Fiction*: *Self-Deception and the Riddle of Confabulation*. Cambridge, MA: MIT Press, 2005.

-

Hume, D. A. *Treatise of Human Nature*. London: Routledge and Kegan Paul, 1985.

-

Hunt, V. D. *Understanding Robotics*. New York: Academic Press, Harcourt Brace Jovanovich, 1990.

Huxley，T. H. "On the Method of Zadig：Retrospective Prophecy as a Function of Science. " In *Science and Hebrew Tradition*：*Essays by Thomas H. Huxley*，1–22. New York：D. Appleton，1894.

-

James，W. "Does Consciousness Exist?" In James，*Essays in Radical Empiricism*，1–38. New York: Longman Green，1912.

-

Johnson，M. *The Body in the Mind.* Chicago：University of Chicago Press，1987.

-

Kanizsa，G. *Organization in Vision.* New York：Praeger，1979.

-

Kitcher，P. *The Advances of Science.* New York：Oxford University Press，1993.

-

——. "The Naturalists Return. " *Philosophical Review* 101，no. 1（1992）：53–114.

-

Kottler，M. J. "Charles Darwin and Alfred Russel Wallace：Two Decades of Debate over Natural Selection. " In D. Kohn，ed.，*The Darwinian Heritage*，367–432. Princeton，NJ：Princeton University Press，1985.

-

Krichmar，J. L.，and G. M. Edelman. "Brain-Based Devices for the Study of Nervous Systems and the Development of Intelligent Machines. " *Artificial Life* 111（2005）：67–77.

-

——. "Machine Psychology：Autonomous Behavior，Perceptual Categorization and Conditioning in a Brain-based Device. " *Cerebra Cortex* 12（2002）：818–830.

-

Krichmar，J. L.，D. A. Nitz，J. A. Gally，and G. M. Edelman. "Characterizing Functional Hippocampal Pathways in a Brain-based Device as It Solves a Spatial Memory Task. " *Proceedings of the National Academy of Sciences USA* 102（2005）：2111–2116.

-

Lakoff，G. *Women，Fire，and Dangerous Things.* Chicago：University of Chicago Press，1987.

-

Laughlin，R. B. A *Different Universe*：*Reinventing Physics from the Bottom Down.* New York：Basic Books，2005.

-

——，and D. Pines. "The Theory of Everything. " *Proceedings of the National Academy of Science USA* 97（2000）:28–31.

-

Lemer，C.，V. Izard，and S. Dehaene. "Exact and Approximate Arithmetic in an Amazonian Indigene Group. " *Science* 306（2004）：499–503.

Lewontin, R. "Sociobiology—A Caricature of Darwinism." In P. Asquith and F. Suppe, eds., *PSA 1976*, 2: 22–31. East Lansing, MI: Philosophy of Science Association, 1977.

-

Lynch, M. P. *True to Life: Why Truth Matters.* Cambridge, MA: MIT Press, 2004.

-

Mayr, E. *The Growth of Biological Thought: Diversity, Evolution, and Inheritance.* Cambridge, MA: Harvard University Press, 1982.

-

Merzenich, M. M., R. J. Nelson, M. P. Stryker, A. Schoppman, and J. M. Zook. "Somatosensory Cortical Map Changes Following Digit Manipulation in Adult Monkeys." *Journal of Comparative Neurology* 224 (1984): 591–605.

-

Messerly, J. G. *Piaget's Conception of Evolution: Beyond Darwin and Lamarck.* Lanham, MD: Bowman and Littlefield, 1996.

-

Modell, A. H. *Imagination and the Meaningful Brain.* Cambridge, MA: MIT Press, 2003.

-

Moore, G. E. *Principia Ethica.* Cambridge: Cambridge University Press, 1903.

-

Piaget, J. *Biology and Knowledge: An Essay on the Relations between Organic Regulations and Cognitive Processes.* Chicago: University of Chicago Press, 1971.

-

———. *Genetic Epistemology.* New York: Columbia University Press, 1970.

-

Plato. "Meno." In E. Hamilton and H. Cairns, eds., *The Collected Dialogues of Plato.* Princeton, NJ: Princeton University Press, 1961.

-

Quine, W. V. *Ontological Relativity and Other Essays.* New York: Columbia University Press, 1969.

-

———. *Pursuit of Truth.* Cambridge, MA: Harvard University Press, 1990.

-

———. *Quiddities: An Intermittently Philosophical Dictionary.* Cambridge, MA: Belknap Press of Harvard University Press, 1987.

-

———. *Word and Object.* Cambridge, MA: MIT Press, 1960.

-

Reeke, G. N., Jr., and G. M. Edelman. "Real Brains and Artificial Intelligence." *Daedalus* 117 (1987): 143–173.

Richards，R. J. *Darwin and the Emergence of Evolutionary Theories of Mind and Behavior.* Chicago：University of Chicago Press，1987.

-

Rorty，R. *Philosophy and the Mirror of Nature.* Princeton，NJ：Princeton University Press，1979.

-

Sacks，O. *The Man Who Mistook His Wife for a Hat and Other Clinical Tales.* New York：Simon and Schuster，1998.

-

Sarton，G. *Appreciation of Ancient and Medieval Science during the Renaissance.* New York：Barnes，1955.

-

Schrodinger，E. *Mind and Matter.* Cambridge：Cambridge University Press，1958.

-

Searle，J. R. *Consciousness and Language.* Cambridge：Cambridge University Press，2002.

-

——. " The Future of Philosophy. "*Philosophical Transactions of the Royal Society London ,B.* 354（1999）：2069-2080.

-

——. *Minds，Brains and Science.* Cambridge，MA：Harvard University Press，1984.

-

Sellars，W. " Philosophy and the Scientific Image of Man. " In Sellars，*Science，Perception and Reality*，1-40. London：Routledge and K. Paul，1963.

-

Skinner，B. F. *About Behaviorism.* New York：Vintage，1976.

-

Snow，C. P. *The Two Cultures and Scientific Revolution.* New York：Norton，1930.

-

Spengler，O. *The Decline of the West.* New York：Alfred Knopf，1939.

-

Sperry，R. W. " Some Effects of Disconnecting the Cerebral Hemispheres. " Nobel lecture. *Les Prix Nobel.* Stockholm：Almqvist & Wiksell，1981.

-

Stich，S. *The Fragmentation of Reason.* Cambridge，MA：MIT Press，1990.

-

Stroll A. *Did My Genes Make Me Do It？And Other Philosophical Dilemmas.* Oxford：One World，2004.

-

Tarski，A. " The Concept of Truth in Formalized Languages. " In Tarski，*Logic，*

Semantics, *Metamathematics*: *Papers from 1923 to 1938*, 152–278. Trans. J. H. Woodger. Oxford: Clarendon Press, 1956.

-

Taylor, C. "Overcoming Epistemology." In Taylor, *Philosophical Arguments*, 1–19. Cambridge, MA: Harvard University Press, 1995.

-

Toynbee, A. *A Study of History*. Abridgement by D. C. Somerveld. 2 vols. Oxford: Oxford University Press, 1957.

-

Turing, A. "On Computable Numbers, with an Application to the Entscheidungs Problem." *Proceedings of the London Mathematical Society*, 2nd Ser., 42（1936）: 230–265.

-

Unglass, M. A. "Dopamine: The Salient Issue. " *Trends in Neurosciences* 27（2004）: 702–706.

-

van 't Hoff, J. H. *Imagination in Science*. Trans. G. F. Springer. Berlin: Springer-Verlag, 1967.

-

Vico, G. B. *The New Science of Giambattista Vico*（1744）. Trans. T. G. Bergin and M. H. Fisch. Ithaca, NY: Cornell University Press, 1948; reprinted. , Cornell Paperback, 1976.

-

Watson, J. *Behaviorism*. New York: Norton, 1930.

-

Wegener, D. M. The *Illusion* of Conscious Will. Cambridge, MA: MIT Press, 2003.

-

Weinberg, S. *Dreams of a Final Theory*: *The Scientist's Search for the Ultimate Laws of Nature*. New York: Vintage, 1994.

-

Whitehead, A. N. *Modes of Thought*. New York: Macmillan, 1938.

-

———. *Science and the Modern World*. New York: Macmillan, 1925. Reprint ed. , New York: Free Press, 1967.

-

Wilson, E. O. *Consilience*: *The Unity of Human Knowledge*. New York: Vintage, 1999.

-

Wittgenstein, L. *Philosophical Investigations*. 3rd ed. New York: Macmillan, 1953.

-

Wollheim, Richard. Freud: *A Collection of Critical Essays*. Garden City, NY: Anchor Press/Doubleday, 1974.

人名译名表

A

Adams Brooks ｜ 布鲁克斯·亚当斯
Adams Henry ｜ 亨利·亚当斯
Ayer A.J. ｜ 艾耶尔

B

Berlin Isaiah ｜ 伯林
Bishop Michael A ｜ 毕晓普
Bohr Niels ｜ 玻尔
Boyd Robert ｜ 博伊德
Brentano Franz ｜ 布伦塔诺
Bruner Jerome ｜ 布鲁纳

C

Cajal Santiago Ramón Y ｜ 圣地亚哥·拉蒙·卡
哈尔
Campbell Donald ｜ 坎贝尔
Crossin Kathryn ｜ 凯瑟琳·克罗辛
Cunningham Bruce ｜ 布鲁斯·坎宁安

D

Damasio Antonio R. ｜ 达马西奥
Darwin Charles ｜ 达尔文
Dawkins Richard ｜ 道金斯
Dewey John ｜ 杜威
Descartes René ｜ 笛卡尔
Dilthey Wilhelm ｜ 狄尔泰

E

Eliot T.S. ｜ 艾略特

F

Feynman Richard P. ｜ 费曼
Forster E.M. ｜ 福斯特
Freud Sigmund ｜ 弗洛伊德

G

Gaddis John Lewis ｜ 加迪斯
Galilei Galileo ｜ 伽利略
Gally Joseph ｜ 约瑟夫·盖里
Greenspan Ralph ｜ 拉尔夫·格林斯潘

H

Haldane J.B.S. | 霍尔丹
Haeckel Ernst Heinrich | 海克尔
Heraclitus | 赫拉克利特

J

James William | 詹姆士
Johnson Mark | 约翰逊

K

Kronecker，Leopold | 克罗内克

I

Lamarck | 拉马克
La Mettrie ulien Offray de | 拉美特利
Lakoff George | 拉克夫
Langley | 兰利

M

Moore G.E. | 摩尔

N

Neurath Otto | 纽拉特

P

Piaget Jean | 皮亚杰
Pierce Charles Saunders | 皮尔斯
Poincaré Henri | 庞加莱
Popper Karl | 波普尔

Q

Quine Willard Van Orman | 蒯因

R

Reeke George | 乔治·里克
Richerson Peter J | 里切尔森
Rorty Richard | 罗蒂
Russell Bertrand | 罗素

S

Sellars Wilfred | 塞拉斯
Schrodinger Erwin | 薛定谔

Skinner B.F. ｜ 斯金纳

Snow C.P. ｜ 斯诺

Spengler Oswald ｜ 施本格勒

Sperry Roger ｜ 斯佩里

Stotts Diana ｜ 戴安娜·斯道兹

Stroll Avrum ｜ 史卓尔

Tarski Alfred ｜ 塔斯基

Taylor Charles ｜ 泰勒

Toynbee Arnold ｜ 汤因比

Trout J.D. ｜ 特劳特

van't Hoff Jacobus Henricus ｜范特霍夫

Vico Giambattista ｜ 维柯

Vaucanson ｜ 佛康森

Voltaire ｜ 伏尔泰

W

Watson John B. ｜ 沃森

Whewell William ｜ 休厄尔

Whitehead Alfred North ｜ 怀特海

Whorf Benjamin ｜ 沃夫

Wilson，E.O. ｜ 威尔逊

Wittgenstein Ludwig ｜ 维特根斯坦